살아있는 뇌,

Brain, living and ever changing

변화하는 뇌

살아있는 뇌,
변화하는 뇌

Brain, living and ever changing

지은이	박시운
펴낸이	김혜정
기획위원	김건주
디자인	홍시 송민기
본문그림	심효섭
마케팅	윤여근, 정은희
출간일	1쇄 인쇄 2026년 4월 7일
	1쇄 발행 2026년 4월 20일
발행처	도서출판 CUP
출판신고	제395-3070002510020010000021호(2001.06.21.)
주소	(10594) 경기도 고양시 덕양구 동축로 70, B동 A604호(현대프리미어캠퍼스)
전화	02) 745-7231
팩스	02) 6455-3114
이메일	cupmanse@gmail.com
홈페이지	www.cupbooks.com
페이스북	facebook.com/cupbooks
인스타그램	instagram.com/cupmanse/

ISBN   979-11-90564-80-9   03400 Printed in Korea
* 파손된 책은 구입하신 서점에서 교환해 드리며 책값은 뒤표지에 있습니다.

뇌를 이해하는 순간, 삶이 보인다!

살아있는 뇌,
Brain, living and ever changing
변화하는 뇌

신경재활 전문의가 전하는
변화와 성장의 뇌과학

박시운 지음
신경재활 전문의

CUP

차
례

8 추천의 글

15 감사의 글

18 프롤로그

27 1 | 모든 것은 뇌 안에 있다

51 2 | 사용하거나 소멸되거나

81 3 | 소통과 연합

113 4 | 학습에 의한 변화

137 5 | 견제와 균형

157 6 | 상상은 현실이 된다

183 7 | 뇌와 섹슈얼리티

203 8 | 뇌와 영성

223 에필로그 | 뇌와 인간

236 주

일러두기

　우리나라에서 사용되는 의학용어는 순우리말과 한자어가 혼용되고 있다. 이 책에서는 뇌의 해부학적 구조물 명칭 등 일반인들에게 비교적 생소한 용어들은 순우리말 용어를 사용하였고, 이미 어느 정도 알려져서 한자어가 더 익숙한 용어들은 한자어 용어를 사용하고 처음 등장할 때 순우리말 용어를 함께 적었다. 전공자들을 위해 영어 명칭도 함께 표기하였다.

인생의 궁극적인 목적은
개인의 정신적 성장이다.

— 스캇 펙 —

추천의 글

　뇌신경재활 전문의사로서 사람의 뇌가 가지고 있는 변화의 능력에 놀라는 경우가 많다. 뇌졸중으로 뇌의 상당한 부분이 손상이 되었음에도 수개월 또는 수년의 재활을 통하여 기능이 호전되는 경우를 많이 보게 된다. 이러한 변화는 사람에 따라 큰 차이가 있으며, 나이나 병소의 크기 뿐 아니라 환자의 의지와 노력, 복합적인 유전과 환경적 소인 등이 관련되어 있다. 저자는 손상된 뇌신경의 회복과 가소성에 대한 다양한 임상 경험을 바탕으로 흥미진진하면서도 누구나 알기 쉽게 뇌신경재활을 소개하는 저서를 발간하였다.

　저자 박시운 교수는 30여년 이상 불모지이던 우리나라 뇌신경재활 분야를 개척하고 발전시켜온 재활의학의 동료이다. 전문분야 연구와 환자 진료에 한결 같은 성실함과 진지함으로 최선을 다하는 저자는 많은 후배들에게 의사로서의 삶의 모범이 되고 있다. 14년 전 저자가 책임원장으로 초기 세팅을 하였던 명지춘혜재활병원은 오늘날까지 많은 재활환자들이 '치료받고 싶은 제1지망 병원'으로 꼽고 있는데, 이는 저자의 뇌신경재활에 대한 굳건한 의지가 반영되어 있기 때문이다.

저자는 다년간의 진료 경험과 삶에 대한 풍부한 사고를 바탕으로 뇌신경재활의 기본 지식부터 일반인은 다소 이해하기 어려운 신경가소성의 다양한 기전까지 매우 친절하고 상세히 설명하고 있다. 이러한 내용들은 실제 뇌질환으로 재활치료를 받고 있는 환자와 가족들이 재활의 과정을 이해하는데 큰 도움이 될 뿐 아니라, 뇌신경재활을 전혀 알지 못하는 일반인들에게까지 뇌질환과 재활을 이해하는 매체가 될 것이다. 뿐만 아니라 재활의학 전문의와 전공의, 다양한 재활치료 전문가들에게도 포괄적 뇌신경재활에 대한 지식과 이해를 높이는 역할을 할 것으로 생각된다.

본 저서에서 돋보이는 것은 각 장의 제목들이다. 누구나 한번쯤은 생각해 본 질문이지만 확실한 답을 하지 못했던 화두를 던지며 이에 대해 쉽고도 명쾌하게 답변을 해준다. 또한 본 저서의 말미에서 다루어진 신체와 마음, 뇌와 영성에 관한 저자의 고찰은 많은 독자들의 궁금증을 해소하는데 도움을 줄 것이다.

이 책을 통하여 뇌신경재활에 대한 일반인의 이해와 인지도를 높일 뿐 아니라, 뇌질환 후 길고 힘든 재활과정을 겪고 있는 많은 환자분들, 그 옆을 지키는 가족들, 그리고 이를 돕는 뇌신경재활 전문가들에게 더욱 자신감을 고취시키고 재활의 효과를 극대화하여 성공적인 사회 복귀를 높일 수 있는 동력이 되기를 기대한다.

김연희

성균관대학교 의과대학 명예교수
명지춘혜재활병원 명예원장

신경재활 전문의인 박시운 교수가 일반인뿐 아니라 재활 관련 전공자들에게도 유익한 뇌과학 책을 저술했다. 대학에서 신경해부학과 임상신경학을 강의하며 두 가지 생각을 가지고 있었다. 첫째는 일반인도 쉽게 이해할 수 있는 뇌과학 서적을 저술하는 것이었고, 두 번째는 신경해부학에 대한 전공 내용을 다루지만 나의 신앙과 삶이 녹아있고, 사회와 세상에 대한 이해로 확장할 수 있는 책을 저술했으면 하는 것이었다. 이 두 가지를 충족할만한 책을 박시운 교수가 만들어냈다. 해부학교실에서 두개골을 자르고 뇌막에 싸여있는 뇌를 꺼내 뇌의 외형과 대뇌혈관을 관찰하고 시상면과 관상면으로 잘라가며 내부의 구조를 공부하던 과거의 모습과 비교하면 현재의 뇌과학의 발전은 현기증을 느낄 정도이다. 하지만 저자는 뇌의 기본적인 해부학적 구조와 기능에 대한 설명으로 시작하여 신경재활 분야의 최신 연구현황에 이르기까지 누구나 이해할 수 있도록 쉽고 흥미진진한 이야기로 풀어나가고 있다. 책을 손에 든 순간부터 순식간에 마지막 페이지를 넘기고 있는 자신을 발견하게 될 것이다. 뇌과학 서적이지만 현재 사회에 시사하는 바도 크다. 우리는 흔히 한 조직에서 뛰어난 사람을 그 조직의 두뇌라고 말한다. 뇌와 같이 중요한 존재라는 것이다. 하지만 우리는 이 책을 통해 뇌가 단지 판단하고, 명령을 내리며 군림하는 자리에 있는 것이 아님을 깨닫게 된다. 뇌는 수십조 개의 세포가 모인 우리의 몸을 하나의 공동체로 기능할 수 있도록 소통하고 연합하는 데 중요한 역할을 하는 것이다. 이 책을 읽는 모든 이들이 뇌과학에 대한 유익한 정보를 얻을 뿐 아니라 각자의 삶의 현장에서 '건강한 뇌처럼 서로 소통하고 조화를 이루어가는 가운데 건강한 사회'를 만들어 가는 통찰을 얻길 기대한다.

김지원

백석대 보건복지대학원장

기독교세계관학술동역회 실행위원장

육체와 정신, 결정론과 자유의지의 관계는 고대로부터 지금까지 첨예한 논쟁의 주제가 되어왔다. 그리고 과학시대인 현재 기계적 유물론 혹은 생물학적 결정론이 이 문제에 대한 주류 견해인 것으로 보인다. 의식, 욕망, 감정, 기억을 포함한 인간의 모든 정신활동은 뇌의 물리적 활동의 부산물일 뿐 독립된 실체가 아니며, 따라서 자유의지 역시 허상에 불과하다는 것이다.

그러나 재활의학과 교수로 재직중인 저자는 최근 뇌과학 분야에서 중요한 개념으로 떠오르고 있는 신경가소성(neuroplasticity)을 바탕으로 이 견해에 의문을 제기한다. 뇌는 고정된 기관이 아니라 변화하는 기관이며, 사용할수록 그 기능을 담당하는 신경세포들을 활성화하고 강화한다는 것이다. 저자는 이 책에서 이러한 신경가소성의 개념을 바탕으로 신경재활 영역에서 새로이 시도되고 있는 여러 재활치료법을 상세히 소개한다. 그리고 관심을 재활치료 영역 밖으로까지 확대해 사랑과 성 및 영성이 뇌 기능과 어떤 관계가 있는지 살핀다.

이러한 과정을 통해 저자는 정신활동이 유전적 생물학적 영향을 강하게 받는 것은 사실이지만, 반대로 인간의 생각이나 행동, 후천적 교육 역시 뇌의 생물학적 구조나 기능에 영향을 줄 수 있다고 결론내린다. 그뿐 아니라 뇌과학에 대한 통찰은 소통, 조화, 사랑, 공감, 화평, 협력 같은 정신적 사회적 가치들이 중요하다는 사실과, 이 가치들이 배움과 훈련을 통해 길러질 수 있다는 사실도 알려준다고 강조한다. 저자는 오직 증거에 입각해 결론에 도달하는 엄밀한 과학적 태도를 견지하면서도, 과학적 지식의 한계를 인식하고 과학주의의 독주를 경계하는 그리스도인 과학자의 한 전형을 보여준다.

　뇌과학이나 재활치료에 관심 있는 분들에게는 이 분야의 좋은 입문서로, 과학과 종교의 관계에 대해 고민하는 그리스도인들에게는 다양한 생각거리와 통찰을 던져주는 좋은 과학교양서로 적극 추천한다.

정한욱

안과전문의, 《믿음을 묻는 딸에게, 아빠가》 저자

감
사
의
글

전공 분야에서 새로운 지식을 창출하거나 전공 분야의 지
식을 다른 사회 구성원들과 공유하는 것이 대학에서 연구와
교육 업무를 수행하는 사람의 마땅한 책무일 것이다. 이런
생각으로 뇌에 대한 지식을 관련 전공자들뿐 아니라 일반
대중과도 나누기 위해 이 책을 준비하였다. 집필하는 과정
에서 나의 지식과 설명 능력의 모자람을 많이 느꼈고, 그동
안 학생들에게 너무 불친절한 강의를 하지는 않았나 자성하
는 계기가 되었다. 독자들께서 이 책을 읽으면서 설명의 부
족함 때문에 이해하기가 어렵고 불편감을 느끼신다면 그것
은 전적으로 저자의 부족함 때문이며, 널리 혜량하여 주시
기를 부탁드린다.

이 책의 출판을 맡아주신 CUP 김혜정 대표님께 감사드린
다. 아직도 많이 부족한 글이지만, 김혜정 대표님의 정성 어

린 조언이 없었다면 이만큼 개선되기도 어려웠을 것이다. 뇌와 관련된 책이라 복잡한 그림이 많았는데 잘 표현해 주신 심효섭 님과 편집 디자인을 맡아주신 송민기 님께도 감사드린다.

이 책의 내용을 구성하는데 재활의학과 의사들이 교과서처럼 이용하는 도서들을 많이 참고하였다. 특히 Krusen의 *Handbook of Physical Medicine and Rehabilitation*, Downey & Darling의 *Physiological Basis of Rehabilitation Medicine*, Umphred의 *Neurological Rehabilitation*, Shumway-Cook과 Woollacott의 *Motor Control* 등의 책에서 인용된 부분이 많이 있음을 밝혀 둔다.

재활의학의 선배이자 스승으로서 많은 가르침과 지도를 베풀어 주셨던 전 성균관의대 교수 김연희 선생님, 전 국립재활원장 김병식 선생님, 전 국립재활원 병원부장 장순자 선생님께 새삼 고마움을 느끼며 깊은 감사의 마음을 전한다.

늘 한결같은 마음으로 나를 지지해 주는 아내 은미에게

사랑과 감사의 마음을 전한다. 그리고 나와는 다른 영역에서 뇌와 관련 있는 분야를 전공하고 있는 아들 지민과 딸 혜민에게도 사랑과 응원의 마음을 전한다.

　신경과에 입원 중인 50대 직장인 남자 환자가 재활의학
과에 협진 의뢰되었다. 환자는 갑자기 발생한 오른쪽 팔다
리의 위약감으로 3일 전 응급실을 내원했고, 신경과 의사의
진료 후 뇌경색으로 진단받고 입원 조치되었다. 진찰상 환
자의 의식은 명료했고, 의사소통이 가능하나 말할 때 적절
한 단어가 생각나지 않는 듯 주저함이 있었다. 오른쪽 팔은
어깨높이까지 들어 올릴 수 있었지만, 주먹을 쥐거나 펴지
는 못했다. 환자는 앉아 있을 수 있고, 앉은 자세에서 오른쪽
무릎을 펴 다리를 들 수 있었다. 살짝 부축하면 일어설 수도
있는데, 서 있는 자세는 약간 왼쪽으로 치우쳤다. 뇌 자기공
명영상(MRI) 상 좌측 대뇌반구의 피질 하 대뇌부챗살(corona
radiata) 부위에 반경 1.5cm 가량의 검은 음영이 보였다. 환자
는 오른손잡이고 사무직이며 부양가족으로 아내와 고등학

생 딸이 있다. 이제 이 환자의 앞날을 예측하고 치료 계획을 세워야 한다. 혼자 걸을 수 있을까, 오른손을 다시 사용할 수 있을까, 문서를 이해하고 작성할 수 있을까, 직장으로 복귀할 수 있을까, 자동차를 다시 운전할 수 있을까, 가정생활은 원래대로 돌아갈 수 있을까.

　신경계 질환은 의사들에게 참 어려운 문제다. 신경계의 손상 부위에 따라 특징적인 증상들이 나타나는 것을 진찰하고 검사하고 진단하는 과정은 흥미롭긴 하지만, 막상 진단하고 나면 의사로서 자괴감에 빠지기 쉽다. 환자 자신과 가족들이 원하는 것과 같이 이전의 몸 상태로 돌아가는 것이 쉽지 않기 때문이다. 왜 신경세포는 우리 몸의 다른 세포들처럼 재생되기가 어려운 걸까.

　다행히도 지난 20~30여 년간 뇌의 이미지 기술의 발달에 힘입어 뇌과학은 눈부신 진보를 이루어 왔다. 그러면서 도무지 치료 방법이 없어 보이던 신경계 질환에 대해서도 치료법에 관한 많은 연구가 진행되고 있다. 무엇보다 큰 성과는 뇌과학자들과 신경계 질환을 담당하는 의사들의 인식 변화다. 고정적이라고 생각되던 신경계의 변화 가능성에 눈을 뜨게 된 것이다. 과거에는 더 치료할 것이 없다고 말했던 뇌질환 환자들에게 이제는 재활치료를 권한다. 태어나면서부터 뇌 손상을 입은 뇌성 마비 환아도 성장 과정에 따라 치료를 받으면서 좀 더 나은 운동 발달을 할 수 있고, 뇌졸중 같은 후천적 질환으로 신체적 마비를 입게 된 환자도 치료를 통해 팔과 다리의 움직임을 개선할 수 있다. 파킨슨병 등 노화에 따른 퇴행성 뇌 질환이 있는 환자도 운동을 통해 신체기능의 저하를 늦출 수 있다. 뇌는 고정된(fixed) 기관이 아니라 탄력적인(flexible) 기관이라는 것이 이제는 정설이 되었다.

나는 재활의학과 전문의다. 세부 분야로 신경재활(neuro-rehabilitation)을 전공하고 있고, 지난 30여 년간 뇌졸중 환자들을 주로 진료해 왔다. 뇌졸중은 신경계를 침범해 후유장애를 발생시키는 질환 중 가장 흔한 질환이다. 재활의학이 많이 발전했다고 해도 여전히 환자와 가족들에게 큰 고통을 남기는 질환이다.

뇌과학의 발전과 더불어 손상된 뇌가 어떻게 회복되는지, 회복을 촉진하기 위해 어떤 치료를 시행할 수 있는지에 대한 연구도 발전했고, 과거보다 우리 뇌에 대해 더 많은 것을 알게 되었다. 뇌의 회복과 변화에 관한 공부를 하면서, 이런 지식은 인간의 변화와 성장에 대해 시사하는 바가 크다는 것도 알게 되었다. 뇌 손상이 있는 환자들의 재활을 위해 사용되는 지식과 방법은 모든 사람의 변화와 성장을 위해 적용될 수도 있다.

얼마 전 TV 토크쇼에서 유명 여배우가 하는 말을 듣고 놀

랐던 적이 있다. 그녀는 대중적으로 뇌과학자로 알려진 모 교수의 말을 인용하며, 사람에게 영혼은 없다더라고 말했다. 과연 그럴까. 어느 과학자가 이를 단언할 수 있단 말인가. 진정한 과학자라면 영혼의 존재에 대해 과학으로 답을 줄 수 있다고 말할 수 있을까.

뇌과학이 전공자들만이 아닌 많은 사람의 관심을 받는 이유는, 사실 과학적 관심보다는 인문학적 관심에서이다. 사람들은 인간에 대해 알고 싶어 하고, 자신과 타인을 이해하고 싶어 한다. 뇌과학과 심리학 관련 서적이 많아지는 것도 그런 관심의 반영이다. 관련 분야 학자들도 뇌과학이 개인과 사회에 주는 함의를 모르지 않는다. 이런 영역에 초점을 둔 신경윤리학(neuroethics) 관련 문헌도 쏟아지고 있다. 그러나 학문의 모든 영역이 그렇듯이 매우 방대해진 지식과 정보의 양에 비해 한 사람의 학자가 주장할 수 있는 지식의 범주는 아주 지엽적이다. 그럼에도 불구하고 인지도가 있는 사람이나 문헌에 담긴 주장은, 원래의 과학적 사실보다는 훨씬 확장되어 대중에게 전파되고 적용되기도 한다. 지식이 충분히 많아지면 균형 잡힌 견해를 가질 수 있다. 그러나 관련 분야를 전공하지 않은 일반인에게 그런 지식을 기대하는 것은 무례한 일이며, 관련 분야를 전공하는 학자들에게는 자신의 지식이 사회에 유익하게 사용되도록 노력해야 할 책임이 있다.

나의 직업적 학문적 여정은 신경계 질환 환자들의 진료와 함께 시작했다. 재활의학을 공부하면서 나의 관심을 확 끌어당긴 것은 신경가소성(neuroplasticity)이란 개념이었다. 지금은 신경학을 처음 공부하는 학생들도 신경가소성의 개념을 배우지만, 내가 의과대학을 다니던 시절에는 그리 잘 알려진 용어가 아니었다. 그리고 나와 비슷한 시기 혹은 나보다 더 일찍 신경학을 공부한 사람들은 아직도 신경가소성의 개념을 의심스럽게 보기도 한다. 재활의학 교과서에서 이 분야의 대가였던 바크이리타(Bach-y-Rita)가 쓴 뇌 가소성 관련 장을 읽으면서 인상적이었던 것은 과학적 지식의 발견에 관한 언급이었다. 과학적 지식은 가설-실험-결과에 의해 도출된다. 즉 가설이 없으면 실험을 수행할 수도 없고 어떤 결과를 관찰할 수도 해석할 수도 없다. 과학이 마치 객관적 사실을 자연히 드러내 줄 것 같은 환상을 가지기 쉽지만, 사실 어떤 과학적 지식도 그렇게 만들어지지는 않는다. 사람의 머릿속에 있는 가설에서부터 과학은 시작된다. 그러므로 신경계는 변하지 않는다는 고정관념을 가진 과학자의 눈에는 신경가소성의 증거들이 보이지 않는 법이다.

뇌과학의 많은 지식이 이와 같은 경향이 있다. 사람들은 자기가 보고 싶은 것을 보고, 자신의 전제에 맞게 해석한다. 이런 과학의 주관성을 완전히 배제할 수도 없고, 또 배제해야만 하는 것도 아니다. 다만 이런 과학의 주관성을 인정할 필요는 있다. 그래야 과학자가 과학이란 수사를 붙여 자신의 견해를 객관적 사실로 포장할 위험을 경계할 수 있고, 과학자가 아닌 일반인이 과학의 이름으로 불합리한 설득을 당하지 않도록 보호할 수 있다.

이 책에서는 신경재활, 특히 뇌 질환에 대한 재활 원리를 간략히 살펴보면서, 인간성의 본질이 깃들어 있는 우리 뇌를 이해함으로써 사람과 사회에 대한 이해를 확대해 보고자 했다. 관련 분야를 공부하는 이들을 위해 전문 용어가 포함된 내용도 정리해 전달하고자 했고, 비전공자들이 그런 부분을 뛰어넘어도 전반적인 논지를 파악하는 데 어려움이 없도록 하고자 노력했다.

1장에는 뇌에 관한 입문적 지식으로서 뇌의 구조와 기능에 대한 설명을 담았다. 2장에서는 신경가소성에 대한 개념과 그 기전에 관해 설명했다. 3장에서는 뇌 손상 때문에 마비가 발생한 환자들을 치료하는 고전적인 방법인 신경촉진 치료법을 설명하고, 그 이론적 기초가 되는 운동신경계의 기능에 대해 고찰했다. 4장은 신경촉진 치료법 이후에 등장해 오늘날 재활치료의 주된 접근법이 된 운동 학습의 원리에 대한 설명을 담았다. 5장에는 운동 학습을 촉진하는 외부적 자극의 방법으로, 또는 그 외에도 뇌의 기능을 조절하기 위한 치료법으로 사용되는 뇌 자극법에 대한 소개를 담았다. 6장에서는 학습의 촉진을 위해 사용되는 상상과 관련된 뇌의 기능과 상상의 치료적 적용에 대해 설명했다. 7장에서는 관심을 재활의 영역 밖으로 확대하여, 상상과 밀접한 관련이 있는 욕망 - 사랑과 성(sexuality) - 이 뇌의 기능과 어떻게 연관되어 있는지 고찰했다. 8장에서는 성적 욕망 만큼이나 인간의 본질적인 갈망이자 인간성 자체라고 할 수 있는 영성(spirituality)과 뇌 기능의 연관성에 대해 고찰했다. 마지막으로 에필로그에는 지금까지의 고찰들에 대한 결론으로서 뇌과학이 인간 존재에 주는 함의에 대한 나의 생각을 정리했다.

뇌과학 지식은 지금도 확장하고 있고, 뇌와 인간에 관한 공부도 끝나지 않을 것이다. 그렇지만, 다 모른다고 해서 아무것도 모르는 것은 아니며, 지식과 생각은 나눔으로써 더욱 풍성해진다는 것을 믿는 마음으로, 여태까지의 나의 뇌와 인간에 대한 탐구를 글에 담아 보았다. 비록 부족하고 미약한 글이지만, 뇌과학을 공부하는 이들 혹은 뇌에 관심이 있는 모든 이들에게 조금의 정보라도 제공하고 흥미를 촉발할 수 있다면 더 바랄 것이 없겠다.

모든 것은
뇌 안에
있다

Everything Is In The Brain

1

PART

"이건 현실인가요? 아니면 그냥 제 머릿속에서 벌어지고 있는 일인가요?"

"물론 이것은 네 머릿속에서 벌어지고 있는 거란다. 하지만 그렇다고 해서 도대체 왜 그게 현실이 아니란 말이냐?"

—《해리 포터와 죽음의 성물》중 해리와 덤블도어의 대화

호그와트 마법학교의 졸업반 마법사 해리 포터는 어렸을 때 부모를 죽이고 자기 이마에 번개 모양의 흉터를 낸 사악한 마법사 볼드모트와 대결하려 한다. 적들에게 공격당한 해리는 의식을 잃었는데, 깨어보니 7년 전 처음 호그와트 학교로 입학할 때 설레는 마음으로 갔었던 킹스크로스 기차역의 승강장이다. 거기서 지난해에 돌아가신 사랑하고 존경하는 스승 덤블도어를 만난다. 그리고 아직 덜 발생한 죽어가는 태아와 같은 모습으로 볼드모트가 의자 밑에 쭈그리고 있다. 해리는 혼란스럽다. 이것이 현실인지 머릿속 환상인지. 볼드모트는 머릿속에 실재하지만, 머릿속에서 볼드모트는 거의 죽어가고 있다. 덤블도어는 말한다. 해리가 보는 건 당연히 머릿속에서 일어나는 일이라고. 하지만 그렇

다고 현실이 아닌 건 아니라고. 해리는 이제 다시 정신을 차리고 볼드모트와의 싸움을 마무리할 것이다.

그렇다. 덤블도어가 옳다. 현실은 나의 뇌에서 인식하기 때문에 현실로 존재한다. 나의 뇌에서 인식하지 못하는 현실이라면 존재하지도 않는다. 나의 뇌에서 일어나는 일은 내가 살아서 경험하는 전부다.

하루를 시작하는 과정을 뇌의 입장에서 생각해 보자.

빛이 닫힌 눈꺼풀을 뚫고 렌즈를 지나 망막에 다다른다. 시신경(시각신경, optic nerve)이 망막의 변화를 감지하고 소식을 전한다. 이 소식은 시신경교차(시각교차, optic chiasm)에서 교차해 중뇌(중간뇌, midbrain)의 상구(위둔덕, superior colliculus)와 시상(thalamus)의 외측슬상체(가쪽무릎체, lateral geniculate body)를 거쳐 후두엽(뒤통수엽, occipital lobe)의 시각피질에 도달한다. 갑자기 도달한 소식에 놀란 피질(겉질, cortex)은 뇌의 다른 영역에도 전파하고, 뇌간(뇌줄기, brain stem)은 망상(그물체)활성계(reticular activating system)를 발동해 전두엽(이마엽, frontal lobe)을 깨운다. 전운동영역(premotor area)에서 운동피질로 명령하면, 그 명령은 마침내 눈꺼풀을 들어 올리는 근육에 도달해 수축시킨다. 뜬 눈을 통해 빛의 실체가 다시 전달된다. 후두엽의 시각연합영역(visual association area)은 그 빛이 동이 튼 것임을 인식한다. 이제 전두엽은 다시 운동피질로

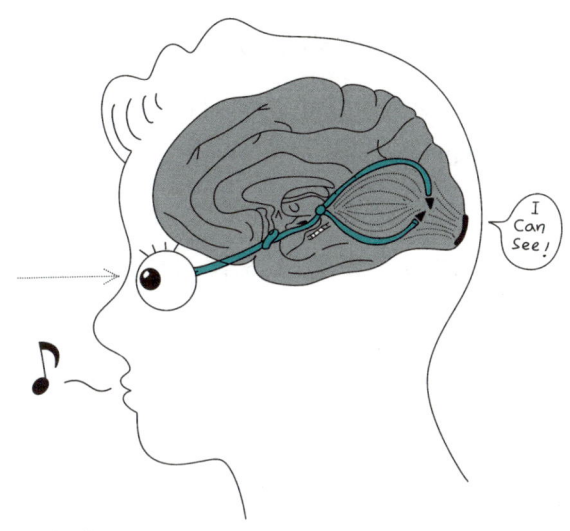

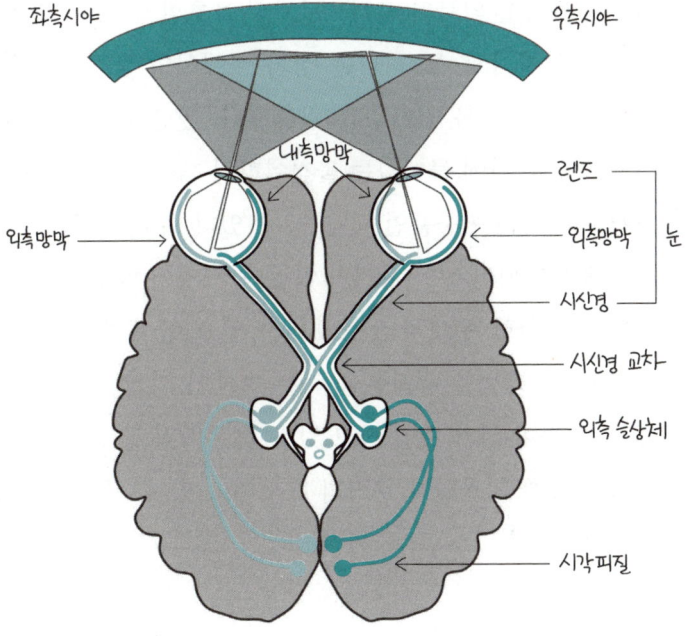

좌측시야　　　　　　　　　　　　　우측시야

내측망막

렌즈

외측망막　　　　　　　　　　　　　　　내측망막　　눈

시신경

시신경 교차

외측 슬상체

시각피질

[시각 경로]

명령을 보낸다. 곧 온몸이 기지개를 켜고 일어날 것이다.

아침에 잠에서 깨어 일어나서 하루의 일상을 시작하는 과정은 우리 뇌에서의 이런 프로세스가 정상적으로 작동하기에 가능하다. 뇌의 프로세스 중 하나라도 작동하지 않는다면, 나에게 오늘은 없다. 오늘 하루 일상의 모든 일도 뇌의 작동에 의해 경험된다. 나의 삶은 곧 나의 뇌의 경험이다.

해외여행을 가서 세라믹 제품을 기념품으로 사 올 생각을 해 본 사람이라면 누구나 파손되지 않고 안전하게 가져갈 수 있을까를 고민했을 것이다. 관광객들에게 상품을 파는데 이력이 난 점원들은 문제없다고 장담한다. 그리고 그들이 세라믹 제품을 포장하는데 대개 두 가지 요소가 필요하다. 하나는 제품을 외부의 충격으로부터 보호할 수 있는 충분히 단단한 상자이고, 또 하나는 상자 내에서의 충격으로부터 보호할 수 있도록 집어넣는 완충재. 완충재에 둘러싸여 단단한 상자 안에 들어있는 물건이라면 깨어지지 않도록 잘 보관해야 하는 귀중품인 것을 알 수 있다. 우리 신체 중에도 이렇게 보관되어 있는 장기가 있는데, 그것이 바로 뇌다.

뇌는 단단한 두개골로 보호되고 있으며, 두개골 내에는 뇌척수액이라는 완충작용을 하는 액체가 차 있고, 그 가운데 떠 있듯이 뇌가 자리 잡고 있다. 해부학적으로도 뇌가 얼마나 중요한 기관인지 분명히 드러내고 있다. 뇌와 함께 중추신경계를 구성하는 척수도 마찬가지로 척추뼈와 뇌척수액으로 둘러싸여 있다.

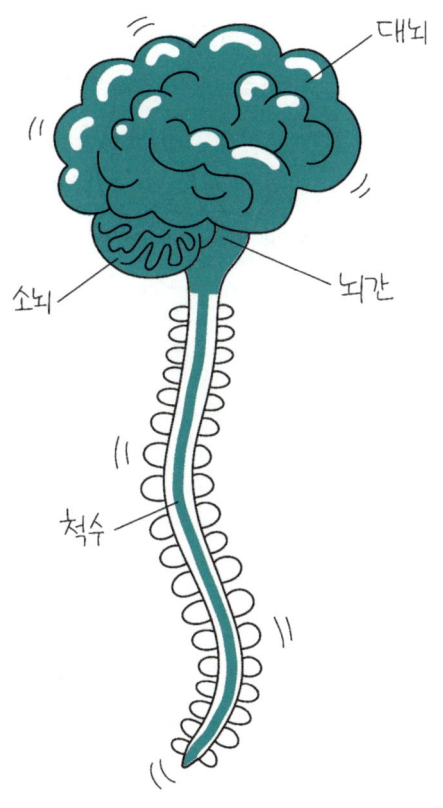

[뇌와 척수]

뇌와 척수로 구성된 중추신경계가 이와 같이 귀중품처럼 보호되고 있는 이유는 무엇일까?

첫째로는 그 기능의 중요성 때문이다. 사실 우리가 살아 있으면서 경험하는 모든 것은 다 뇌 안에서 일어난다. 우리가 본 것은 눈의 망막을 통해 입력되어 대뇌의 시각피질에 도달할 때 비로소 본 것이 된다. 우리가 들은 것도 대뇌의 청각피질에 도달해야 비로소 들은 것이 된다. 우리가 손으로 만지고 느낀 것이 무엇인지 지각하고 해석하는 것도 뇌의 몫이다. 무언가를 잡기 위해 손을 뻗칠 때도 그 동작을 처음 지시하는 곳은 뇌다. 서 있는 자세를 특별히 신경 쓰지 않고도 유지할 수 있는 것은 발바닥과 다리의 관절들이 감각 정보를 끊임없이 뇌로 전달하고 뇌는 거기에 반응해 필요한 근육들을 수축시키며 몸의 자세가 바르게 되도록 모니터링하고 있기 때문이다. 뇌는 오감을 통해 들어온 정보를 해석하고 기억의 창고에 보관한다. 사실을 기억할 뿐 아니라 그와 관련된 감정도 기억하고 보관한다. 삶의 모든 경험은 뇌가 있기 때문에 가능한 것이다.

뇌는 이와 같이 삶의 모든 것이라고 할 수 있는 기능을 담당하기 위해 부위별로 기능이 분화되어 있고 서로 연결되어 있다. 각 부위가 자기의 기능을 감당할 뿐 아니라 다른 부위와도 잘 연결되어 있어 서로 소통할 때 뇌는 제 기능을 잘 감당할 수 있다. 어느 한 부위라도 자기의 기능을 하지 못하거나 다른 부위와 소통하지 못한다면 우리의 삶의 기능에는 문제가 발생할 수밖에 없다.

　이렇게 중요한 기능을 하는 뇌를 잘 보호해야 하는 두 번째 이유는, 우리 몸의 다른 모든 세포와 달리 신경세포는 재생이 되지 않기 때문이다. 우리 몸을 보호하는 외피인 피부는 손상이 되면, 비록 흉터가 남을지언정 다른 피부 세포들로 덮여서 원래의 외피로서 기능을 회복한다. 우리 몸의 다른 세포들도 마찬가지다, 그러나 질병이나 외상이 신경계에 손상을 주게 되면, 신경세포는 재생되지 못하고 결국 그 신경세포가 하던 기능들을 더 이상 하지 못하게 되어 장애를 남기게 된다. 허리 부위 척수가 손상되면 양쪽 하지의 마비가 장애로 남게 되고, 목 부위 척수가 손상되면 양쪽 팔과 다리에 마비가 남게 된다. 뇌가 손상되었을 때도 그 손상 부위에 따라 여러 가지 모양의 장애를 남기게 된다. 대뇌반구에 손상을 받으면 반대쪽 반신의 마비와 함께 다양한 장애가 발생할 수 있다. 전두엽에 손상을 받으면 무감동, 무의지, 무기력 상태가 되기도 하고 성격이 변하기도 한다. 우뇌의 손상을 받으면 왼쪽 세상을 인식하지 못하는 편측무시 현상이 나타나기도 하고, 좌측 뇌의 언어중추가 손상되면 실어증이 나타나는데, 손상 부위에 따라 언어 표현력 장애로 말을 하거나 글을 쓰지 못하게 되거나 언어 이해력 장애로 다른 사람의 말을 이해하지 못해 엉뚱한 대답을 하기도 한다. 또한 주로 좌뇌 손상과 관련있는 실행증이 나타나면 평상시에 잘 사용하던 도구의 사용법을 잊어버려 운동능력이 있는데도 칫솔질을 못하거나 빗질을 못하는 증상을 보이기도 한다. 뿐만아니라 정서적 기능에도 영향을 미쳐서, 좌뇌 손상시에는 우울증이 잘 나타나고, 우뇌 손상시에는 감정 억제가 되지 않아 사소한 일에 웃거나 우는 정서적 과민 반응을 보이기도 한다. 대뇌와 척수를 연결하는 부위인 뇌간 부위가 손상되면 안면부와 삼킴 기능의 장애 또는 사지의 마비를 남기게 되고, 소뇌 부위의 손상은 운동 균형 능력에 장애를 남기게 된다.

그렇다면 이토록 중요한 기능을 하는 신경계에는 왜 재생 능력이 결여된 것일까? 생각해 볼 수 있는 가장 근본적 이유는 바로 이토록 중요한 기능을 하는 까닭에 재생이 제한되어 있다는 것이다.

요즘과 같은 정보화 시대에는 대부분 사람이 개인용 컴퓨터나 스마트기기를 소유하고 있다. 그런데 컴퓨터가 손상되었을 때 우선 걱정하는 것은 컴퓨터 본체인가, 아니면 컴퓨터 안에 든 데이터인가? 당연히 데이터를 잃을까봐 걱정한다. 컴퓨터가 다운되었을 때 포맷하면 새 컴퓨터처럼 사용할 수도 있지만 데이터를 보호하기 위해 그렇게 하지 않는다. 컴퓨터가 손상되면 하드웨어를 교체하는 것보다는 소프트웨어와 데이터를 보존하는 것이 우선이다.

뇌도 마찬가지다. 뇌는 중요한 기능을 할 뿐 아니라 끊임없이 새로운 정보를 습득하고 학습하는 기관이기에 뇌 속에 들어있는 정보가 변경되는 것을 원하지 않는다. 뇌 조직이 손상되었을 때 새로운 뇌 조직이 손상된 뇌 조직을 단순히 대체하는 것은 소프트웨어와 데이터를 다 잃은 채 하드웨어만 복구하는 것이나 다름없다. 그래서 스스로 재생능력을 제한하는 것이다. 실제로 뇌졸중이 발생하면 손상된 부위의 세포들에서 신경의 성장과 연접을 저해하는 성장억제물질들이 분비된다.[1]

우리의 몸이 이토록 뇌와 신경의 재생을 제한하면서까지 보존하려는 것은 무엇일까?

우리 삶의 모든 경험은 뇌 안에서 일어난다. 삶의 현실은 실질적으로 뇌 안에 있다. 즉 뇌 안에 담겨 있는 것은 우리의 삶 자체다. 뇌는 우리의 정체성이다. 뇌는 인간의 본질적 특성을 보유하고 있으며, 인간성의 모든 것이 뇌 안에 있다.

수년 전 개봉되어 참신한 관심을 끌었던 영화 〈겟 아웃 (Get out)〉(조던 필 감독, 2017)에서는 생을 연장하기 위해 젊은 몸에 뇌를 이식하는 엽기적인 이야기가 등장한다. 영화에서 이식된 뇌를 가진 몸은 가끔 감정의 혼란을 경험하는 것으로 묘사되긴 하지만, 뇌가 바뀌면 외모와 상관없이 그 사람의 정체성이 바뀔 수밖에 없다.

이렇게 뇌의 절대적인 기능을 놓고 보면 마치 나의 타고난 뇌가 나의 정체성을 결정하는 것처럼 보인다. 그러나 인간의 뇌는 다른 동물의 뇌와 달리 성장 기간이 매우 길다. 성장이 완성되기까지 25년가량 걸린다. 성장기가 길다는 것은 부모에게서 물려받은 유전으로 100% 결정되기보다는 환경과 교육을 통한 변화의 기회가 더 부여된다는 의미다. 그렇게 인간은 누구나 자기만의 정체성을 가지게 된다.

인간 존재의 본질에 관한 질문은 인류의 역사만큼이나 오래된 것이다. 해부학적으로 인간은 다른 고등 동물들과 유사한 상동 기관들을 갖고 있고, 다른 동물들에서도 나타나는 생존 본능과 욕망을 지니고 있으며, 살아있는 모든 생물들처럼 주변 환경에 적응하며 변화해 간다. 그러나 인간은 단지 본능적 욕망에 따라 행동하지 않으며, 생존 이상으로 자신의 정체성을 고민하며, 생리적 만족 이상의 삶의 의미를 추구한다. 생존을 위해, 그리고 종족의 보존을 위해 이렇게 진화했다는 설명은 그리 설득력 있게 와닿지 않고, 아마도 인간 존재에 대한 이런 류의 대답은 인류의 긴 역사에 비하면 매우 짧은 기간 동안 급조된 대답일 것이다. 성경은 인간이 신의 형상을 지니고 있다고 한다.[2] 신의 형상이란 인간을 인간 되게 하는 특성을 의미하는 것이다. 또한 성경은 인간을 살아있는 영(living soul)이라고 묘사한다.[3] 육신을 가진 생명체이면서 그 안에 영혼이 깃든 존재라는 뜻이다. 인간의 독특한 특성은 뇌라는 물질을 통해 표상된다. 인간으로서의 한 개체를 정의하는 특성이 뇌 안에 있다. 뇌가 손상되면 한 개체의 정체성과 인간성이 손상되는 것이다. 그렇게 이해하고 보면 우리 몸이 뇌를 이토록 보호하고 보존하려는 것은 너무나 당연한 일이다.

[뇌와 척수의 구조]

뇌와 척수로 구성된 중추신경계가 이와 같이 귀중품처럼 보호되고 있는 이유는 무엇일까?

그 기능의 중요성 때문이다. 사실 우리가 살아 있으면서 경험하는 모든 것은 다 뇌 안에서 일어난다.

뇌를 잘 보호해야 하는 두 번째 이유는, 우리 몸의 다른 모든 세포와 달리 신경세포는 재생이 되지 않기 때문이다.

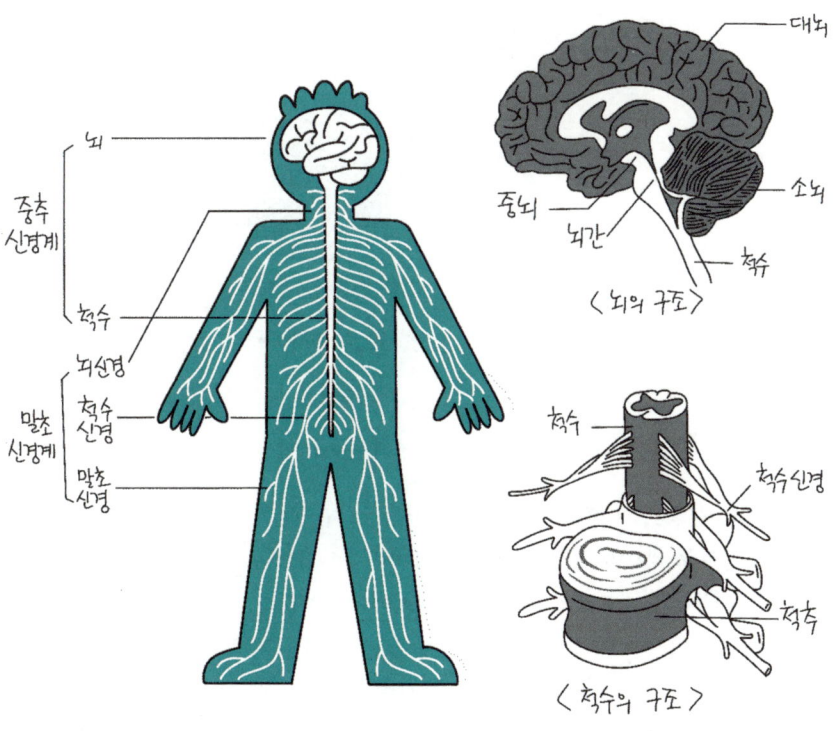

뇌

중추
신경계

척수

뇌신경

척수
신경

말초
신경계

말초
신경

대뇌

중뇌

뇌간

소뇌

척수

〈 뇌의 구조 〉

척수

척수신경

척추

〈 척수의 구조 〉

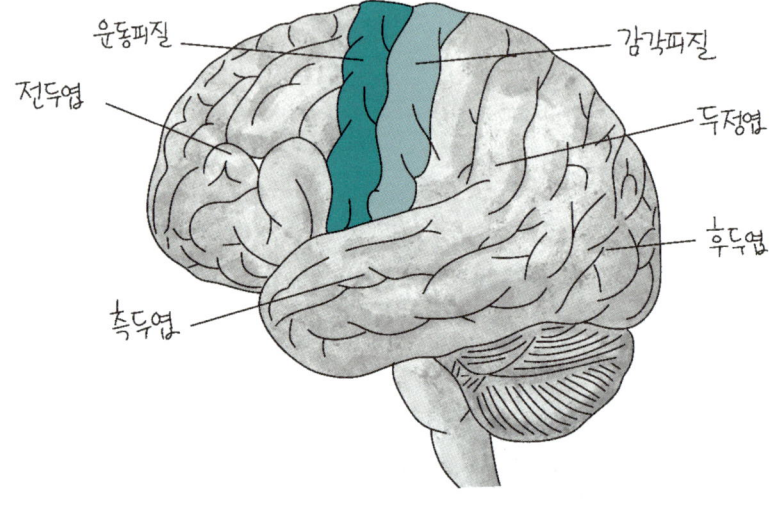

운동피질

감각피질

전두엽

두정엽

후두엽

측두엽

[뇌의 구조]

전두엽은 생각하고 계획하고 문제를 해결하는 고위 인지기
능 및 성격과 의지에 관련된 기능을 담당하며, 그 곁에는
운동을 시작하게 하는 운동피질이 위치하고 있다. 두정엽은
감각을 받아들이고 해석하는 기능을 한다. 후두엽은 시각 기
능을 담당한다. 측두엽은 청각 기능을 담당하며, 측두엽의 안
쪽에는 해마, 편도체(amygdala) 등 기억과 관련된 구조
들이 있다.

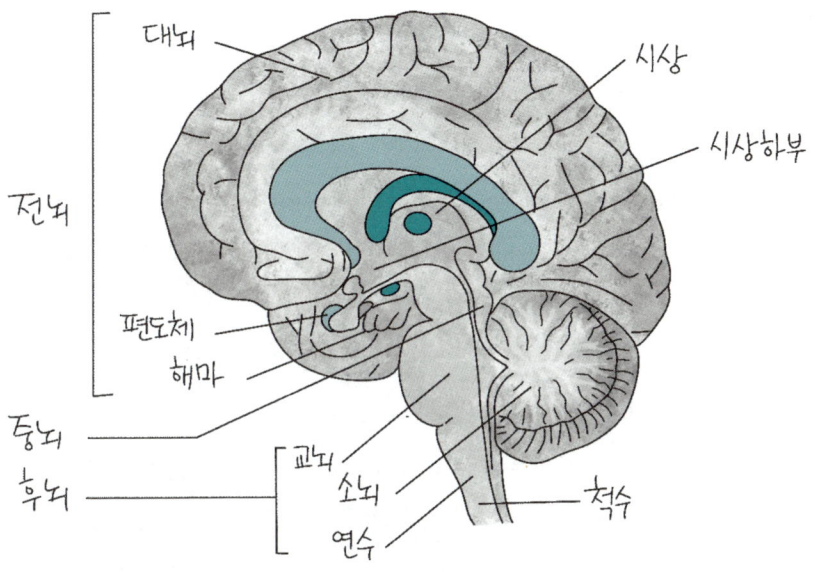

대뇌

시상

시상하부

전뇌

편도체

해마

중뇌

후뇌

교뇌

소뇌

연수

척수

뇌의 구조와 기능

우리 몸의 신경계는 중추신경계(central nervous system)와 말초신경계(peripheral nervous system)로 크게 나뉘며, 뇌(brain)와 척수(spinal cord)를 중추신경계라고 하고 뇌와 척수에서부터 나오는 뇌신경과 척수신경 등 말초신경을 말초신경계라고 한다.

뇌는 대뇌(cerebrum), 소뇌(cerebellum), 뇌간(뇌줄기, brain stem)으로 구성되어 있고 뇌간을 통해 척수와 연결된다.

대뇌(cerebrum)는 좌우의 두 개의 대뇌반구(cerebral hemisphere)가 뇌량(뇌들보, corpus callosum)으로 연결되어 있는 구조이다. 대뇌의 겉을 덮고 있는 부위가 대뇌피질(대뇌겉질, cerebral cortex)인데, 신경세포(neuron)의 세포체가 위치하고 있어 회색질(gray matter)이라고 하며 넓은 표면적 때문에 많은 주름을 형성하고 있다. 피질의 안쪽으로는 세포체에서 나온 축삭(axon)들로 이루어진 백질(white matter)이 있다.

대뇌는 부위에 따라 전두엽(이마엽, frontal lobe), 두정엽(마루엽, parietal lobe), 후두엽(뒤통수엽, occipital lobe), 측두엽(관자엽, temporal lobe)으로 구분된다. 전두엽은 생각하고 계획하고 문제를 해결하는 고위 인지기능 및 성격과 의지에 관련된 기능을 담당하며, 그 곁에는 운동을 시작하게 하는 운동피질이 위치하고 있다. 두정엽은 감각을 받아들이고 해석하는 기능을 한다. 후두엽은 시각 기능을 담당한다. 측두엽은 청각 기능을 담당하며, 측두엽의 안쪽에는 해마(hippocampus), 편도체(amygdala) 등 기억과 관련된 구조들이 있다. 대뇌의 기저 부위에는 운동기능에 관여하는 기저핵(바닥핵, basal ganglia)과 감각을 중개하는 시상(thalamus), 그리고 호르몬과 자율신경의 조절에 관여하는 시상하부(hypothalamus)가 있다.

대뇌의 아래쪽에 중뇌(중간뇌, midbrain), 교뇌(다리뇌, pons), 연수(숨골, medulla oblongata)가 위치하며 척수로 연결된다. 뇌간의 뒤쪽에는 소뇌(cerebellim)가 있어 운동 조절 기능에 관여한다.

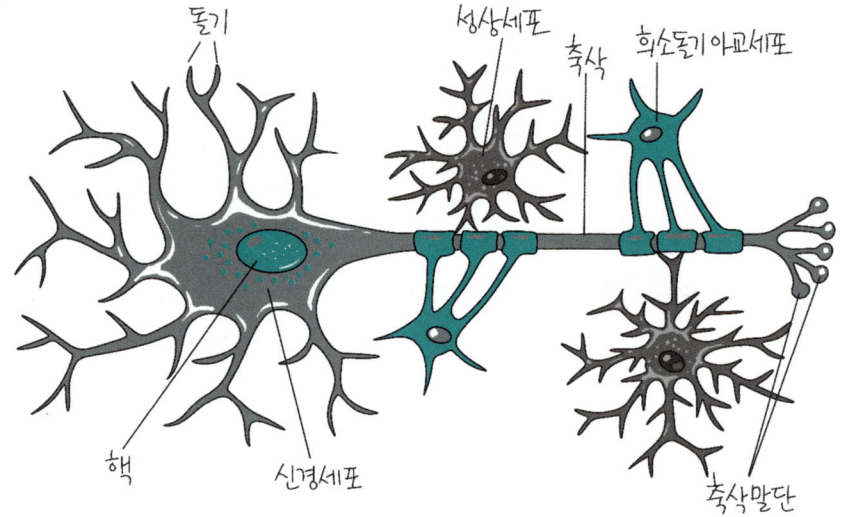

돌기

성상세포

축삭

희소돌기아교세포

핵

신경세포

축삭말단

[신경세포와 신경아교세포]

신경세포는 정보를 전달하는 기능을 하는 신경계의 주요 세포이며, 신경아교세포는 신경세포를 보호하고 지원하는 세포다. 우리 몸은 1,000억 개에 달하는 신경세포들이 100조 개 이상의 시냅스를 이루고 있다.

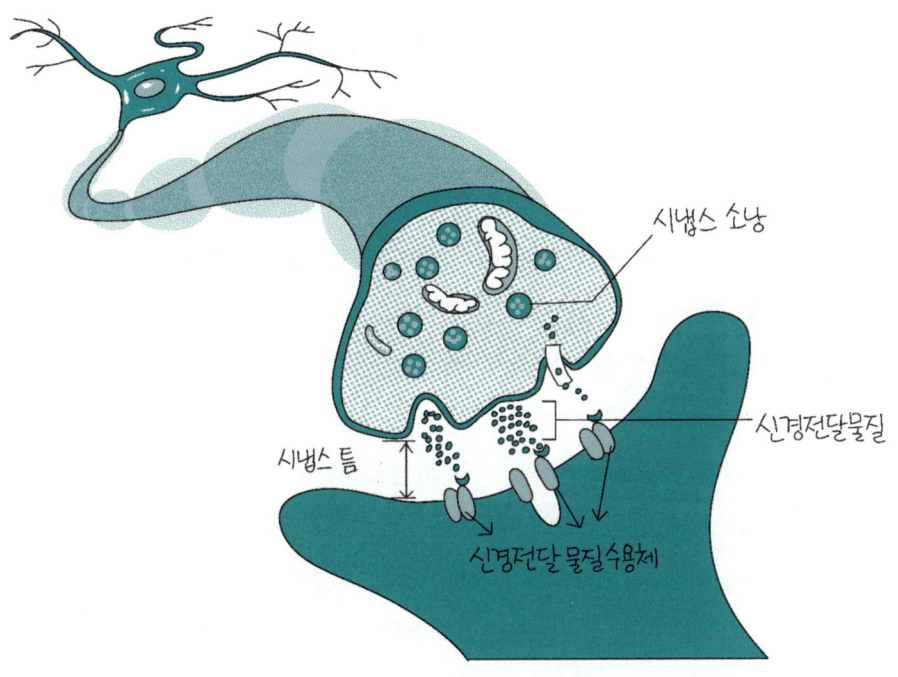

시냅스 소낭

신경전달물질

시냅스 틈

신경전달 물질 수용체

[**시냅스**synapse]

신경세포Neuron와 신경전달물질Neurotransmitters

우리 몸의 모든 조직이 고유의 세포들로 구성되듯이, 신경계는 신경세포(neuron)와 신경아교세포(glial cell)로 구성되어 있다. 신경세포는 정보를 전달하는 기능을 하는 신경계의 주요 세포이며, 신경아교세포는 신경세포를 보호하고 지원하는 세포다. 신경세포는 핵을 보유하고 있는 세포체와 거기서부터 길게 뻗어나가는 축삭(axon), 그리고 짧은 돌기들(dendrites)로 구성되어 있다. 신경세포 내에서 정보 전달은 전기 신호, 즉 세포막에서 전위 변환에 따른 이온들의 이동으로 이루어진다. 신경세포는 축삭의 끝에서 다른 신경세포들과 연접을 이루는데 이를 시냅스(synapse)라 하며, 신경세포 간 정보 전달은 시냅스를 통해 이루어진다. 우리 뇌에는 1,000억 개에 달하는 신경세포들이 100조 개 이상의 시냅스를 이루고 있다.

시냅스에서 신경세포 간의 소통은 신경전달물질을 통해 화학적인 반응으로 이루어진다. 대표적인 신경전달물질들로는 아세틸콜린(acetylcholine), 도파민(dopamine), 노르에피네프린(norepinephrine), 세로토닌(serotonin), 글루타메이트(glutamate), 감마아미노부틸산(γ-aminobutyric acid, GABA), 엔도르핀(endorphin), 엔케팔린(enkephalin) 등이 있다. 시냅스에서 유리된 신경전달물질들은 신경세포의 표면에서 이 물질들에 반응하도록 만들어진 단백질인 수용체에 결합하는데, 각 신경전달물질은 고유의 수용체를 가지고 있으며, 수용체의 작동 방식에 따라 수용체에 결합하여 직접 이온 채널을 열어주는 이온성 수용체(ionotropic receptor)와 수용체에 결합한 후 생화학적 반응의 단계를 거쳐 먼 곳에 있는 이온 채널을 열어주는 대사성 수용체(metabotropic receptor)가 있다.

사용하거나
소멸되거나

Use It Or Lose It

2
PART

그대에게 주신 그 은사를 소홀히 여기지 마십시오.

—디모데전서 4장 14절 (새번역)

앞 장에서 살펴본 바와 같이 우리의 인간성을 담고 있는 뇌는 스스로 보존하려는 특성이 있다. 그렇다면 한번 형성된 우리의 뇌는 변하지 않는다는 뜻일까?

뇌의 해부와 기능에 대한 사실들이 처음 밝혀지기 시작했을 때 대다수 과학자는 뇌 기능의 국재성(localization)에 주목했다. 뇌의 부위마다 담당하는 고유한 기능이 있어서, 그 기능은 한번 형성되면 대체 불가능한 것으로 인식되었다.

대뇌피질은 신경세포의 세포체가 위치하는 부위다. 거기서부터 축삭이 뇌간과 척수까지 뻗어나가 말초신경을 형성하는 신경세포와 시냅스를 이룬다. 그렇게 해서 대뇌피질에서 시작된 정보는 온몸에 전달되어 우리 몸을 관장한다.

독일의 해부학자 브로드만(Brodmann)은 대뇌피질을 그 기능에 따라 영역을 정의하고 번호를 매겼는데, 이를 브로드만 영역이라 한다. 전두엽과 두정엽을 구분하는 깊은 고랑인 중심구(중심고랑, central sulcus) 바로 앞쪽의 브로드만 영역 4번은 운동을 담당하는 일차 운동영역(primary motor cortex)

이다. 중심구 뒤쪽의 브로드만 영역 1, 2, 3번은 감각을 담당하는 일차 감각영역(primary sensory area)이다. 후두엽에 있는 브로드만 영역 17번은 일차 시각영역(primary visual area)이며, 측두엽에 있는 브로드만 영역 41, 42번은 일차 청각영역(primary auditory area)이다.

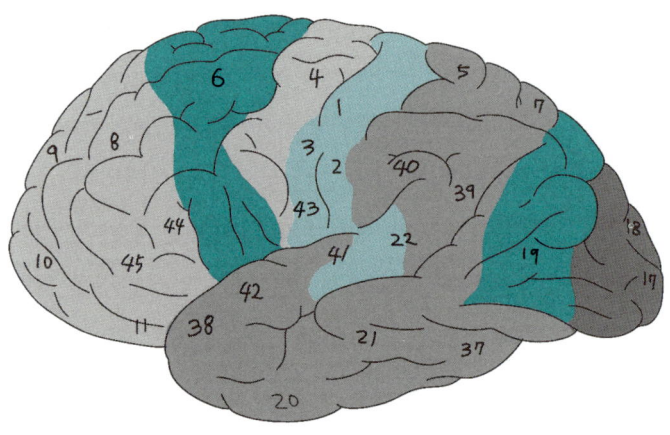

[대뇌피질의 기능에 따른 지도화 – 브로드만 영역]

일차 운동영역에는 우리 몸의 각 부분, 즉 얼굴, 손, 팔과 다리의 운동을 담당하는 영역들이 지정되어 있는데, 여기서 부터 시작된 정보가 척수와 말초신경을 거쳐 몸의 각 근육에 명령을 전달해 몸을 움직이게 한다. 일차 운동영역에서 각 부위를 담당하는 영역의 크기는 인체 각 부분의 크기에

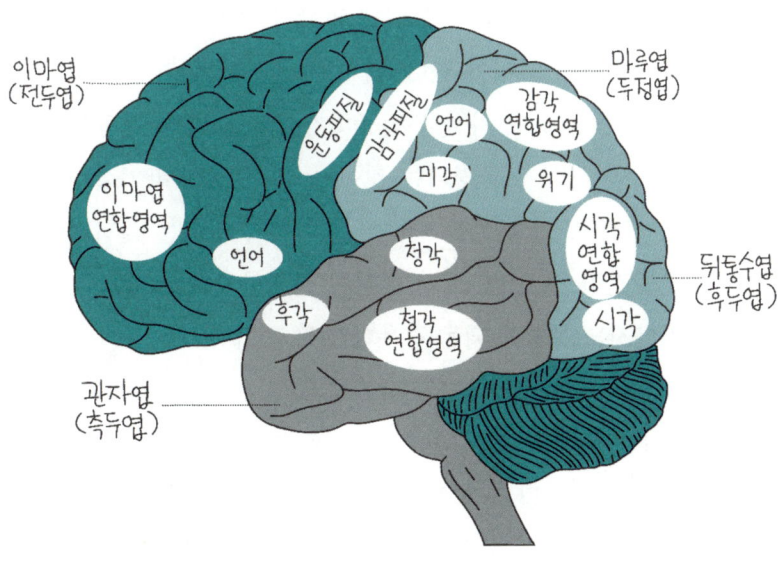

비례하지 않고 얼굴과 손처럼 미세한 운동 기능을 담당하는 영역일수록 크게 분포되어 있어 이 크기대로 인체의 모형을 만들면 매우 기형적인 모습을 띤다. 일차 감각영역 역시 감각이 예민한 부위일수록 더 넓은 피질 영역을 차지한다.

오늘날 인류가 이룩한 발전과 진보는 과학에 힘입은 바 크다. 과학은 경험과 관찰을 통해 사물에 관한 지식을 습득하는 방법이다. 이 세상에 존재하는 것들 중 관찰 가능하고 측정 가능한 것들에 관한 지식을 얻는 데는 과학이 매우 유용한 방법이 아닐 수 없다. 그런데 과학적 지식이 규명될 수 있으려면 전제가 있어야 한다. 즉 어떤 전제에 근거한 가설이 먼저 설정되고 그 가설을 검증하기 위한 실험이 수행된 후에 과학적 사실이 규명되는 것이다. 다시 말해서 가설이 없이는, 그리고 그 가설을 만들어낸 전제가 없이는 과학적 지식은 발견될 수 없다. 어떤 현상이 존재하지만 보지도 못하고 깨닫지도 못하게 되는 경우가 있는 것이다.

신경계에 대해서도 기능의 국재성과 신경세포의 재생 불능성이라는 전제가 많은 신경과학자들에게 공통적인 패러다임으로 자리를 잡고 있었기 때문에 신경 조직의 변화 가능성은 잘 인식되지 못하다가 비교적 근래에 와서야 주목을 받기 시작했다. 이제는 신경계의 변화 가능성은 여러 실험 결과들에 의해 널리 인정되고 있는데, 신경세포가 주변

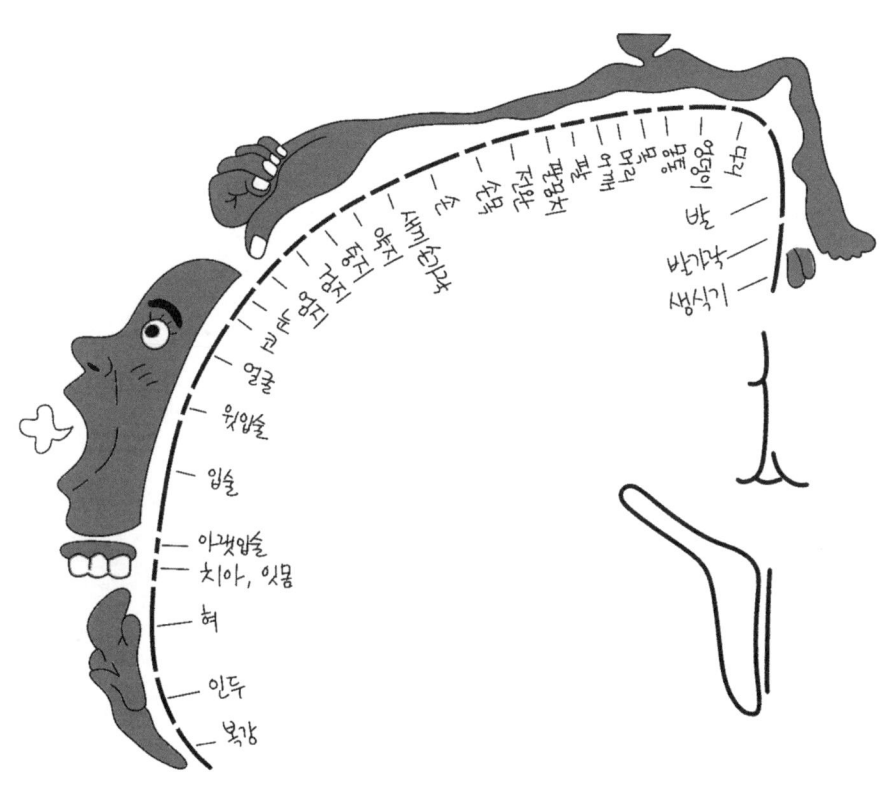

엉덩이
다리
몸통
무릎
머리
어깨
발목
팔꿈치
팔
전완
발
발가락
손목
생식기
손
새끼손가락
약지
중지
검지
엄지
눈
목

얼굴

윗입술

입술

아랫입술
치아, 잇몸

혀

인두

복강

[대뇌피질의 일차 운동영역]

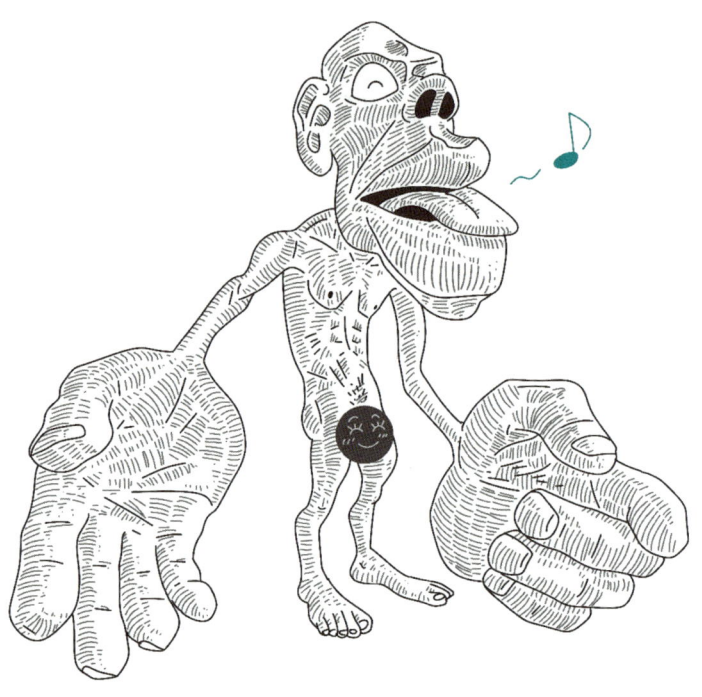

감각 호문쿨루스

[감각 호문쿨루스와 운동 호문쿨루스]

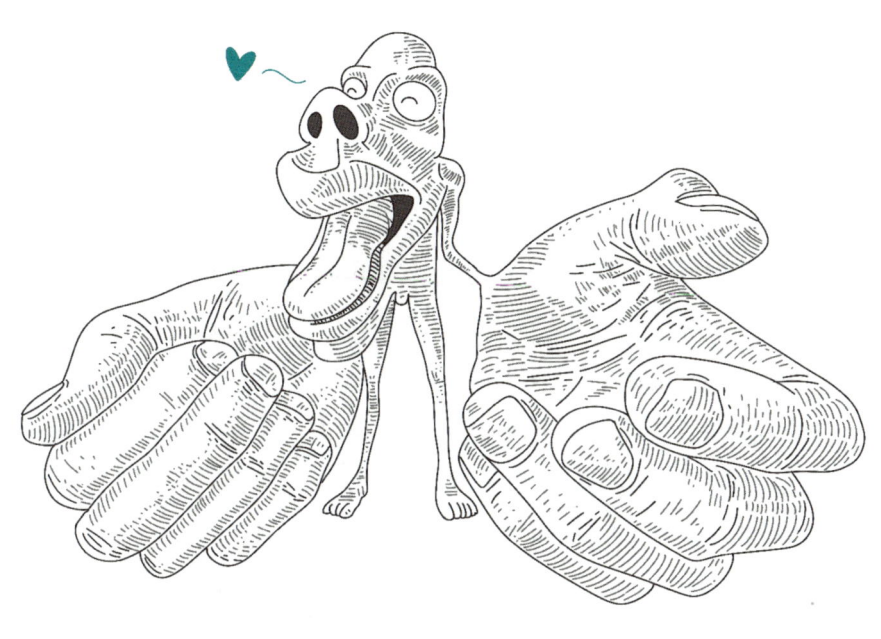

운동 호문쿨루스

일차 운동영역에서 각 부위를 담당하는 영역의 크기는 인체 각 부분의 크기에 비례하지 않고 얼굴과 손처럼 미세한 운동 기능을 담당하는 영역일수록 크게 분포되어 있어 이 크기대로 인체의 모형을 만들면 매우 기형적인 모습을 띤다.

환경과 사용 패턴의 변화에 따라 활동성과 형태를 변화시킬 수 있는 능력을 신경가소성(neuroplasticity)이라고 한다.

신경가소성 Neuroplasticity

뇌 기능의 국재성에 대한 인식이 자리 잡기 시작한 것은 19세기로 거슬러 올라간다. 프랑스의 신경외과 의사였던 폴 브로카(Paul Broca)는 뇌의 특정 구역이 특정한 기능을 담당한다는 것을 발견하였는데, 뇌에서 언어 표현을 담당하는 것으로 잘 알려진 브로드만 영역 44, 45번에 해당하는 브로카 영역은 그의 이름에서 따온 것이다. 1913년 스페인의 신경해부학자인 라몬 이 카할(Ramon y Cajal)은 성인 뇌의 신경 경로는 고정되어 있고, 최종적이며, 불변이라고 주창했는데, 그의 이러한 언급은 이후 신경과학자들에게 신경계는 불변한다는 패러다임을 고착시키게 했다.

한편, 영국의 신경생리학자 찰스 셰링턴(Charles Sherrington)은 원숭이의 운동피질을 연구하면서 운동피질이 모든 개체에서 동일한 것이 아니라 마치 지문처럼 개체마다 다르다는 것을 발견했다. 운동피질의 표상(representation)이 지문과 다른 점은 타고나는 것이 아니라 운동 경험에 의해 형성된다는 것이었다.[1] 이후 미국의 신경학자인 칼 래슐리(Karl Lashley)는 원숭이의 운동피질 지도가 한번 형성된 후에는 변화가 없는 것이 아니라 운동 경험에 따라 계속 변화한다는 것을 발견했다. 기능별로 고정되었다고 믿었던 대뇌피질의 국재성이 실상은 개체마다 다르며, 한 개체 내에서도 그 개체의 경험에 따라 변화한다는 뜻이다. 이와 같은 신경계 내의 변화가 어떻게 일어나는지 그 기전에 대해, 1949년 캐나다의 심리학자인 도널드 헤브(Donald Hebb)는 '동시에 활성화되는 신경세포는 서로 연결을 형성한다'(Neurons that fire together, wire together.)는 오늘날 신경재활 이론의 기초가 되는 소위 헤비안 가소성(Hebbian plasticity)을 가정하기에 이르렀다.[2]

신경가소성의 기전mechanism

신경계의 가소성은 발달이 완성되지 않은 어린 개체에서 더욱 분명히 나타난다. 그런데 인간의 뇌는 미성숙한 상태로 태어나서 성숙하는 데 걸리는 시간이 다른 동물들에 비해 매우 길다. 출생 후 2년 정도 지났을 때 인간의 뇌는 성인의 뇌보다 1.5배가량 많은 시냅스를 가지고 있다. 성장의 과정에서 불필요한 연결을 제거해 나가는데, 그 기준은 신경세포의 활동 여부이다. 즉 성장기에 경험하는 운동, 감각 및 정서적인 자극들에 따라 뇌가 환경에 적응해 가는 과정에서 활용되지 않는 시냅스들은 제거하게 된다. 이렇게 불필요한 축삭을 잘라내는 것을 신경세포의 가지치기(pruning)라고 한다. 가지치기는 생물학적 뇌가 완성되어 가는 유아기뿐 아니라 청소년기에도 활발하게 일어난다. 특히 아직 성숙하지 않은 전두엽 부위의 연결이 그렇다. 이 시기의 경험과 행동에 따라 어떤 연결은 강화되고 어떤 연결은 소멸된다. 청소년기를 거치면서 성격과 정체성이 형성된다는 사실이 뇌과학으로도 뒷받침된다는 뜻이다. 청소년기에는 신경세포 간의 연결이 촉진되어 학습 능력이 향상된다. 사고를 담당하는 전두엽과 욕망과 관련 있는 변연계(둘레계통, limbic system)와의 균형 및 도파민 시스템과 연관 있는 뇌의 보상 체계에도 변화가 일어나서 행동의 변화를 초래한다. 이는 이 시기에 중독에 특별히 주의를 기울여야 하는 신경생리학적 이유다. 뇌의 발달은 거의 30세까지 계속되며, 고위 인지기능과 관련이 있는 전두엽은 특히 늦게까지 발달한다.

신경세포의 변화는 손상 이후에도 일어난다. 축삭이 손상되면 신경세포는 새로운 축삭을 형성해 발아시킨다(sprouting). 발아는 손상된 신경세포에서 다시 축삭이 자라나가는 재생성 발아(regenerative sprouting)와, 손상되지 않은 주변 신경세 포에서 새로운 축삭을 뻗어 연결해 주는 측부 발아(collateral sprouting)가 있다.

신경세포가 손상되면 시냅스도 따라서 변화를 일으킨 다. 평상시에는 사용되지 않던 신경 경로의 시냅스들이 정 상적으로 억제되어 있다가, 다른 신경 경로가 손상받았을 때 손상된 신경 경로의 기능을 대신하기 위해 억제되어 있 던 시냅스가 활성화되어 숨겨져 있던 기능을 드러내는 현상 (unmasking)이 나타나기도 하고, 신경세포의 손상으로 말단 에서 신경전달물질이 유리되지 않아 기능을 하지 못하던 시 냅스가 과민화되어 미량의 신경전달물질에도 쉽게 반응하 게 되는 현상(탈신경초민감성, devervation supersensitivity)이 나타 나기도 한다.

시냅스의 변화는 기억과 관련 있는 해마(hippocampus)의 신 경세포에서 주로 연구되었는데, 신경세포가 오랜 기간 장기 적으로 자극을 받으면 시냅스가 변형을 일으켜 강화되며, 이를 장기강화(long-term potentiation)라고 한다. 장기강화에 수반하는 시냅스의 변화는 신경전달물질에 화학적으로 반 응하는 세포막의 수용체 수가 증가하는 것인데, 신경전달물 질 글루타메이트(glutamate) 수용체 중 N-메틸-D-아스파르 트산(N-methyl-d-aspartate, NMDA) 수용체와 관련이 있다. 신경세포의 지속적인 자극은 칼슘 이온의 세포 내로의 유입을 증가시키고, 칼슘 이온은 세포 내의 전달인자인 고리모양아데노신1인산(cyclic adenosine monophosphate, cAMP)을 활성화한다. cAMP는 시냅스가 신경전달물질에 더 민감하게 하는 효소들을 활성화하며, 이런 상태가 지속되면 cAMP 반응요소 결합단백질(cAMP-response element binding protein, CREB)을 활성화한다. CREB는 신경세포의 핵에 작용해 유전자를 활성화시켜 단백질의 합성을 촉진하며, 신경영양인자인 뉴로트로핀(neurotrophin)은 시냅스의 변화를 자극한다. 이러한 장기강화와 반대로, 오랜 기간 억제된 시냅스는 반응이 저하되게 되는데 이를 장기억압(long-term depression)이라고 한다.

이와 같은 기전들을 통해 뇌의 신경세포와 시냅스들의 신경가소성 변화가 일어나면, 대뇌피질을 구성하는 뉴런들의 기능을 재배열하게 되어 피질 지도의 변화가 일어나게 된다. 이를 피질의 재조직화(cortical reorganization)라고 한다.

사용 의존적 가소성 Use-dependent plasticity

뇌의 가소성에 대한 실험적 증거들은 비교적 근래에 와서 많이 알려졌다. 그중 하나는 미국 매릴랜드주의 실버 스프

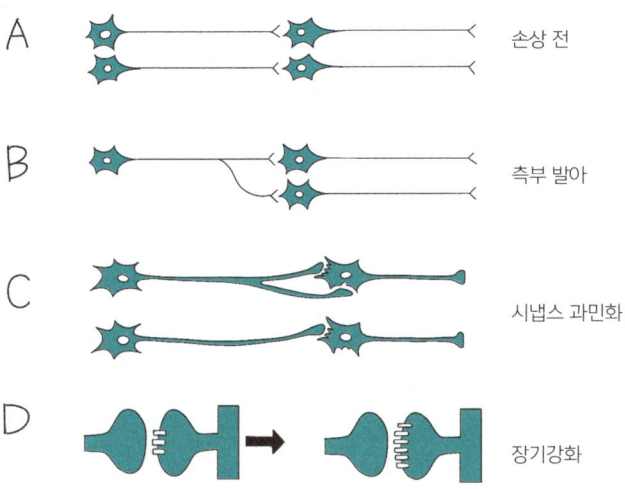

A 손상 전

B 측부 발아

C 시냅스 과민화

D 장기강화

[신경가소성의 예]

신경세포가 손상되면 시냅스도 따라서 변화를 일으킨다. 평상시에 신경세포의 연결은 되어 있었으나 사용되지 않고 억제되어 있다가, 주변 신경세포가 손상되면 그 기능을 이어받아 시냅스가 활성화되는 현상이 나타나기도 하고, 신경세포의 손상으로 자극을 받지 못하는 시냅스가 과민화되기도 한다.

링(Silver spring)에서 있었던 원숭이들을 대상으로 한 실험이었다(이 실험은 후에 동물 학대 혐의로 중단되었다). 연구자들은 원숭이들의 한쪽 팔의 감각신경을 절단했는데, 그 결과 원숭이들은 감각이 소실된 팔은 사용하지 않고 다른 쪽 팔만을 사용했다. 그런데, 그 원숭이 중 일부는 다른 쪽 팔도 감각신경을 절단했는데 놀랍게도 두 팔을 다 잘 사용하는 것을 관찰했다.[3] 이러한 소견은 후에 '학습된 무사용'(learned nonuse)이라는 개념으로 이론화 되었고, 편마비 환자들의 재활치료 방법을 고안하는 실험적 기초가 되었다. 뇌의 가소성에 대한 증거는 이 실버 스프링 원숭이들을 대상으로 후에 시행된 뇌 지도화 실험에서 나타났는데, 이 원숭이들의 대뇌 감각피질에서 감각이 소실된 팔의 감각을 담당하던 영역이 감각이 남아있는 안면부의 감각을 담당하도록 변화된 것이었다.[4]

이러한 대뇌피질의 재조직화(cortical reorganization)는 인간의 감각피질에서도 관찰되었다. 선천적으로 합지증(syndactyly, 손가락들이 붙어 있는 기형) 환자들에게 유착된 손가락을 분리하는 수술을 시행한 후에 뇌의 감각피질의 지도를 그려보았을 때, 원래 합쳐져 있던 손가락들의 감각 담당 영역이 수술 후에는 손가락마다 분리된 것을 관찰할 수 있었다.[5] 또한 팔이 절단된 환자에게서도 절단된 팔과 손의 감각을 담당하던 감각피질이 팔의 상부나 얼굴 등의 감각을 담당하도록 기능이 재배열된 것을 발견할 수 있었다.[6] 이러한 변화는 수술이나 절단뿐만 아니라 경험에 따라서도 달라질 수 있는데, 매우 섬세한 손가락 동작을 요구하는 현악기 연주자들 손가락의 감각을 담당하는 대뇌피질 영역은 일반인들보다 더 확장되어 있는 것도 확인했다.[7]

한편, 랜돌프 누도(Randolph Nudo) 박사의 연구팀은 원숭이 실험에서 원숭이들의 손 사용을 강화하는 훈련을 했을 때 손 운동을 담당하는 대뇌 운동피질의 영역이 변하는 것을 관찰했다.[8] 이러한 대뇌피질의 변화는 건강한 원숭이뿐 아니라 실험적으로 뇌경색이 유발된 원숭이들에게서도 관찰되었다. 손을 담당하는 대뇌 운동피질의 영역이 손상된 원숭이들을 그대로 방치하면 손상된 쪽 손을 사용하지 않아 손상되지 않은 대뇌 운동피질 영역까지 위축되지만, 재활치료를 통해 손을 사용하도록 훈련하면 이미 손상된 피질 부위는 변화가 없어도 손을 담당하는 부위가 다른 운동피질 영역으로 확장하는 것을 보고했다.[9,10] 이와 같은 재활치료에 따른 대뇌피질의 재배열은 운동피질에만 국한되지 않고 보조운동영역(supplementary motor area)의 변화까지 초래하는 것으로 후속 연구를 통해 보고되었다.[11]

이러한 연구 결과들을 통해 사용-의존적 가소성(use-dependent plasticity)이라는 개념이 정립되었다. 즉 뇌는 영역

별로 기능이 정해진 대로 고정된 것이 아니라 어떻게 사용하느냐에 따라 변화가 가능하다는 것이다. 여기서 사용한다는 의미를 엄밀하게 따져보면, 단순히 사용한다기보다 반복적인 사용을 통해 기술이 습득되고 학습되었을 때 대뇌피질의 변화가 일어난다고 할 수 있다. 원숭이 실험에서, 단순히 음식이 담긴 용기에서 손을 사용해 음식을 집어 먹는 행위는 일반적인 원숭이들이 할 수 있는 행위이지만, 작은 용기에서 한두 손가락을 이용해 음식을 꺼내 먹는 행위를 하려면 그러기 위한 기술이 습득되어야 하는데, 작은 용기에서 음식을 꺼내 먹도록 훈련한 원숭이들에서 해당 운동피질의 확장이 관찰되었다. 이는 단순히 많이 사용하는 것보다는 새로운 기술 습득이 대뇌피질 재조직화를 위해 필요하다는 것을 의미한다. 즉 뇌의 가소성은 사용-의존적이기보다는 기술-의존적(skill-dependent) 또는 학습-의존적(learning-dependent)이라고 할 수 있다.[12] 뇌의 변화에는 시간과 노력이 필요하다는 뜻이다.

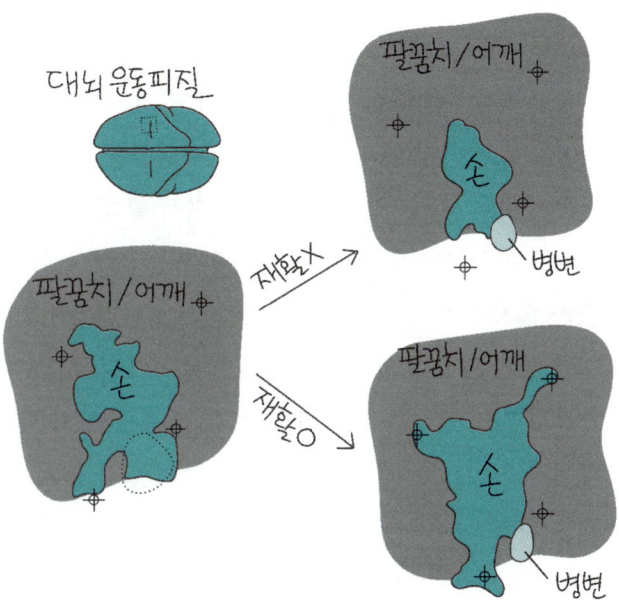

[재활치료에 따른 원숭이 대뇌 운동피질 영역의 변화][10]

대뇌피질의 변화는 건강한 원숭이뿐 아니라 뇌경색이 유발된 원숭이에게서도 관찰되었다. 손을 담당하는 대뇌 운동피질의 영역이 손상된 원숭이들을 그대로 방치하면 손상된 쪽 손상되지 않은 대뇌 운동피질 영역까지 위축되지만, 재활치료를 통해 손을 사용하도록 훈련하면 손을 담당하는 부위가 다른 운동피질 영역으로 확장된다.

뇌졸중 이후의 재활과 운동 기능의 회복

　사람에게 발생하는 후천적인 장애의 가장 흔한 원인은 뇌졸중으로 알려져 있다. 뇌졸중 혹은 뇌혈관질환은 뇌에 혈류를 공급하는 혈관이 막히거나 터져서 혈류 공급이 끊어짐으로써 뇌의 손상이 발생하는 질환이다. 우리나라에서 뇌졸중은 과거에는 단일 질환으로서는 사망원인 1위였다. 지난 10년 동안 뇌졸중 의료체계가 개선되고 예방에 대한 인식도 증가하면서 현재는 암과 심장질환 다음을 차지한다. 장애 발생의 원인으로서는 선천적 장애는 빈도가 높지 않고, 사고에 의한 장애도 줄었다. 하지만 고령사회가 되면서 뇌졸중에 의한 장애의 비율은 커지고 있다.

　뇌졸중이 이렇게 장애의 흔한 원인이다 보니 재활치료의 대상으로서도 가장 큰 비중을 차지한다. 뇌졸중으로 발생하는 운동 장애의 유형 중 가장 흔한 것은 편마비다. 뇌졸중 환자를 대상으로 하는 재활치료 기법도 많이 개발되어 왔고, 살아있는 사람의 뇌를 촬영하는 영상 기술도 많이 발전해, 인간에게 뇌의 신경가소성을 규명한 연구들은 주로 뇌졸중을 대상으로 이루어졌다.

　뇌졸중으로 인한 편마비를 개선하기 위한 치료 방법은 매우 다양하게 개발되어 있지만, 원리적인 측면에서는 신경촉진(neurofacilitation) 치료를 이용하는 접근법과 운동 학습 원리에 기초한 과제 지향적(task-oriented) 접근법이 있다(이러한 치료의 원리에 대해서는 다음 장부터 설명되어 있다). 과제 지향적 치료의 대표적인 예로, 앞서 언급한 실버 스프링 원숭이 실험을 통해 제안된 '학습된 무사용'(learned nonuse) 이론으로부터 편마비 환자의 상지 마비를 치료하는 기법이 개발되었는데, 이를 강제유도 운동치료(constraint-induced movement therapy, CIMT)[13]라고 한다. 그 원리는 실버 스프링 원숭이들이 불편한 손을 사용하지 않을 때는 전혀 쓸 수 없는 손이 되어버렸지만, 강제적으로 다시 사용하게 하니 똑같이 불편한 손이지만 기능을 되찾았던 것처럼, 편마비 환자에게서 건측 손을 사용하지 못하도록 제한하고 환측 손을 억지로라도 사용하게 함으로써 운동 기능을 회복하는 것이다. 환자는 2주 동안 건측 손을 사용하지 않도록 깨어있는 시간의 90% 이상 장갑을 착용하고 환측 손을 사용하는 훈련을 매일 6시간 이상 수행한다. 환측 손의 훈련은 단순하고 작은 단위의 작업부터 반복 연습해 점차 복합적이고 복잡한 작업으로 훈련해 가는 셰이핑(shaping) 기법을 사용한다. CIMT의 효과에 대한 임상 실험은 에모리 대학 재활의학과의 스티브 울프(Steve Wolf) 박사가 연구 책임을 맡고 미국 내 7개 대학이 참여하는 다기관 임상 연구로 진행되어 그 효과가 규명되었다.[14] 그러나 이 치료법을 적용하려면 환자가 손가락을 어느 정도 움직일 수 있는 운동 능력이 있어야 하기에 적용할 수 있는 대상자가 매우 제한적이라는 단점이 있다. CIMT는 보편적으로 사용되는 치료법으로 자리를 잡기보다는, 이 연구를 통해 뇌졸중 환자의 재활과 운동 기능 회복에 관련된 의학적 지식을 확장하는 데 기여한 바가 크다. CIMT의 치료 효과를 확인하기 위해 여러 임상적 지표뿐 아니라 뇌의 신경가소성 변화를 측정하기 위한 방법들도 동원되었다. 기능적 뇌자기공명영상(functional magnetic resonance imaging, fMRI)으로 치료 전후의 뇌 상태를 보면 손상된 운동피질 부위의 활동이 증가하는 것이 확인되었고,[15] 경두개자기자극을 이용해 제작한 운동영역 지도는 치료 후에 위치 및 크기의 변화가 관찰되었고,[16] 움직임과 동시에 실시간으로 뇌의 활동을 모니터할 수 있는 근적외선분광기(near-infrared spectroscopy)를 이용해 치료 과정을 모니터한 연구에서는 매일 점차적으로 손상된 운동피질의 활동이 늘어나고 건측 운동피질의 활동은 줄어드는 것을 관찰했다.[17]

　뇌졸중 이후에 뇌 기능의 회복을 기능적 영상으로 관찰해 보면, 병변 반대측 대뇌피질의 활성화가 증가하고 학습과 관련된 뇌 구조물의 활성화도 증가하며 또 병변 주위 피질의 활성화도 증가하는 양상을 보인다.[18] 마비측 팔다리를 움직이려

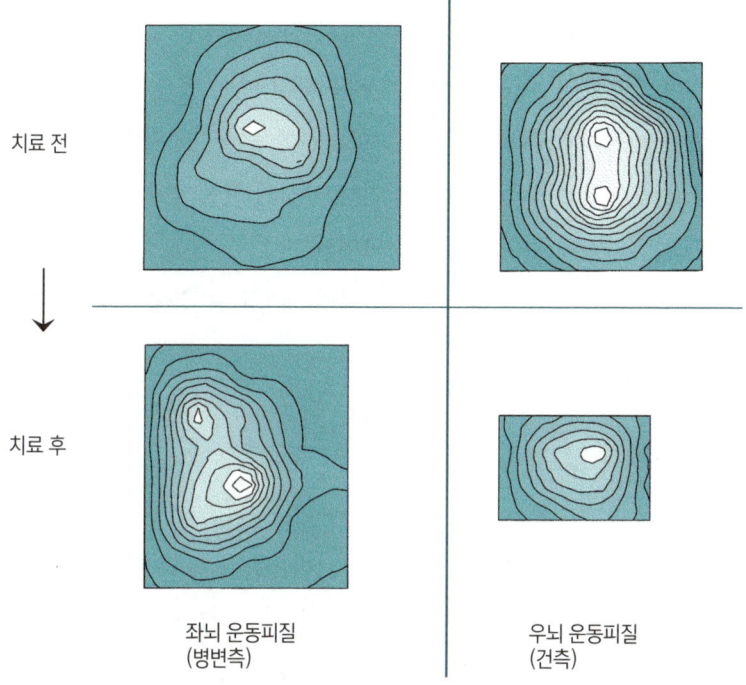

치료 전

치료 후

좌뇌 운동피질
(병변측)

우뇌 운동피질
(건측)

**[재활치료 전후 대뇌 운동피질 지도의 변화
– 경두개자기자극을 이용한 피질 지도]**[17]

편마비 환자에게서 건측 손을 사용하지 못하도록 제한하고
환측 손을 억지로라도 사용하게 함으로써 운동 기능을 회복하
는 것이다. 환자는 2주 동안 건측 손을 사용하지 않도록 깨
어있는 시간의 90% 이상 장갑을 착용하고 환측 손을 사용
하는 훈련을 매일 6시간 이상 수행한다.

고 하면, 병변 반대측 운동피질까지 함께 활성화되는 양상이 흔히 관찰된다. 이는 평상시에 사용하지 않던 동측 운동 경로까지 동원하기 때문이라고 여겨진다. 회복이 진행되면서 병변 반대측 신경의 사용은 줄고 병변측 신경의 활동이 증가하는 것이 일반적인데, 운동기능의 회복이 좋지 않은 경우에는 시간이 지나도 병변 반대측 피질의 활성화가 계속되는 경향이 있다.[19]

사용하지 않으면 소멸된다

신용카드 포인트 이야기가 아니다. 우리 뇌와 몸에 관한 이야기다. 우리 뇌는 우리가 어떻게 사용하느냐에 따라 적응하고 변화한다. 어떤 기능을 사용하면 할수록 뇌는 그 기능을 담당하는 신경세포들을 활성화하고 강화하고 적응시켜 해당 기능을 더 잘할 수 있도록 개발한다. 반면 사용하지 않는 기능에 대해서는 신경세포들을 불활성화해 해당 기능을 소멸시킨다. 이런 원리는 뇌 손상을 경험하지 않더라도 우리가 살아가는 일상에서 항상 경험할 수 있다. 특정한 동작을 계속해서 반복 수행하면 그 분야의 달인이 될 수 있지만, 잘하던 일도 오랫동안 하지 않으면 예전 같지 못하다는 것을 경험한다. 인지적 활동이나 언어적 활동도 마찬가지다.

책을 읽거나 글을 쓰거나 공부를 하거나 명상이나 사고를 많이 하는 사람은 기억력이나 언어 능력이 유지되고 향상되지만, 하지 않으면 점차 약화된다. 우리 뇌가 할 수 있게 해준 능력을 귀히 여긴다면 계속 활용하고 연마해 발전시키고 소멸되지 않게 해야 한다.

신약성경에는 영적인 은사에 대한 언급이 자주 등장한다. 이는 1세기에 형성된 교회의 회중에 나타난 지혜, 가르침, 병고침, 위로, 구제, 예언, 방언, 통역 등을 일컫는 것으로, 교회가 사랑의 공동체를 이룰 수 있도록 그 구성원들에게 주어진 능력이자 역할을 의미한다. 은사는 은혜로 주어진 선물이라는 뜻이다. 성경은 이 선물을 소홀히 여기지 말고 귀히 여기고 잘 사용하라고 권한다. 그런데 우리의 신체도 우리가 스스로 존재하지 않는 한 거저 주어진 선물인 것은 마찬가지다. 우리의 몸을 귀히 여기고 건강하게 잘 관리하며, 우리의 뇌에 주어진 능력들을 잘 사용해야 한다.

뇌졸중 이후의 신경 회복의 기전과 원리[20]

1. 대뇌피질의 재배열화

뇌 영상 기술의 발달로 뇌졸중 이후 대뇌피질의 재배열화를 관찰할 수 있게 되었다. 뇌경색 병변 부위 근처의 신경회로, 즉 기능적으로 가장 가깝게 위치한 신경 회로들이 다시 연결되면 최상의 회복이 일어난다. 뇌경색 이후 회복 과정에서 병변 반대측 피질을 포함해 대뇌피질 여러 부위에서 변화가 일어나지만, 병변에 인접한 부위에서 재조직화되는 경우가 가장 양호한 회복을 보인다.

2. 신경전달물질에 의한 뇌 활성도 조절

뇌졸중 이후의 회복은 학습 및 기억과 관련된 신경전달물질의 작용과 유사성이 있다. 뇌경색 병변 부위 주변의 신경회로들은 뇌 흥분성을 조절하며, 뇌 흥분성을 증진시키는 약물에 반응하여 손상된 신경의 회복을 촉진한다. 뇌경색 초기에는 억제성 신경전달물질인 감마아미노부틸산(γ-aminobutyric acid, GABA)이 증가하는데 GABA를 차단하는 약물은 회복을 촉진할 수 있다. 흥분성 신경전달물질인 글루타메이트(glutamate)는 AMPA(α-amino-3-hydroxy-5-methyl-4-isoxazolepropionic acid) 수용체를 통해 주로 작용하는데, AMPA 수용체를 자극하는 약물은 뇌유래신경영양인자(brain-derived neurotrophic factor, BDNF) 분비의 촉진을 매개하고 BDNF는 회복을 촉진한다.

3. 신경세포 축삭의 발아 (axonal sprouting)

살아있는 신경세포에서는 축삭의 발아가 일어나 새로운 시냅스 연결을 이루어서 기능적 회복을 유도한다. 축삭의 발아는 뇌졸중이 발생한 동측 뿐아니라 반대측에서도 일어난다.

4. 세포 성장의 촉진

뇌졸중에 의해 뇌 신경세포의 손상이 발생하면 신경세포의 성장을 촉진하는 유전자의 발현이 증가하여 신경세포 축삭의 발아가 촉진된다. 이 과정에 관여하는 매개물질은 인슐린 유사 성장 인자 1(insulin-like growth factor 1)로 알려져 있다.

5. 세포 성장의 억제

한편으로는, 뇌졸중이 발생하면 신경세포 축삭의 성장과 연결을 저해하는 분자 물질들의 유리가 활성화되어 신경세포 축삭의 발아 및 회복을 차단한다. 이런 성장 저해 물질들의 예로는 노고(Nogo) 단백질, 과소돌기세포 미엘린 당단백질(Oligodendrocyte-myelin glycoprotein, OMgp), 미엘린 관련 당단백질(myelin-associated glycoprotein, MAG) 등이 있다.

6. 신경 재생 영역의 생성

생존한 신경세포에서 축삭의 발아가 일어날 뿐 아니라, 새로운 신경세포가 재생되기도 한다. 뇌 손상 이후의 신경 재생은 뇌실의 벽에 근접해 있는 뇌실하 영역(뇌실밑층, subventricular zone)과 해마에 위치한 과 립하 영역(subgranular zone)에서 일어나는데, 뇌졸중은 이 부위에서 신경 재생과 신경모세포(neuroblast)의 이동을 위한 새로운 재생 세포 영역, 즉 신경 재생을 위한 신경-혈관 영역을 생성한다.

7. 뇌 흥분성의 조화

앞서 4번과 5번에서 언급한 바와 같이 뇌손상 이후에는 세포 성장의 촉진 및 억제의 서로 상반되는 메커니즘이 작동한다. 뇌졸중 이후 가동 되는 억제 메커니즘은 세포의 사멸을 막지만 회복을 저해하기도 하고, 촉진 메커니즘은 회복을 돕지만 너무 일찍 가동되면 손상을 증가시키 기도 한다. 이 둘 사이에서 음-양의 균형을 이루는 것이 중요하다.

8. 신경 회복의 시기

손상된 신경의 회복에는 적절한 시기가 있다. 뇌경색의 회복에는 병 변 부위 주변 피질의 재배열이 중요한 역할을 하는데, 발병 후 첫 한달 은 병변 주변 피질의 가소성 측면에서 매우 중요한 시기이다. 이 시기 는 시냅스의 변화가 매우 예민하고 불안정한 시기로서 가소성의 가소 성이라는 의미로 메타가소성 (metaplasticity)의 시기로 일컬어진다.

9. 신경재활치료에 의한 회복의 촉진

신경재활치료는 이상에 나열한 신경 회복의 기전과 원리들에 따라 신경세포의 성장을 자극하고, 피질의 흥분성을 조절하고, 신경 재생 영역에서 신경세포의 재생을 촉진함으로써 뇌졸중 환자의 회복을 돕는다.

소통과
연합

Communication And Unity

3
PART

나는 인간의 몸을 때때로 하나의 공동체(community)로
생각해 본다.
그리고 백혈구와 같은 개체 세포를 생각해 본다.
세포는 하나의 유기체의 기본 단위이다.
세포는 자기 자신을 위해 살 수도 있고
보다 큰 유기체의 생성과 보전을 도울 수도 있다.

—폴 브랜드,《오묘한 육체》중에서

우리의 몸은 각 부분이 자기 구실을 다함으로써
각 마디로 서로 연결되고 얽혀서 영양분을 받아 자라납
니다.

—신약성경 에베소서 4장 16절 (공동번역)

신경가소성에 대한 지식이 늘어감에 따라 손상된
신경계를 치료하려는 시도도 더욱 많아지게 되었다. 이전의
의학은 신경계를 침범하는 질병이나 손상에 대해서는 기능
적 국재화에 초점을 둔 신경학적 검사에 따라 병변의 위치
와 특성을 진단하는데 중점이 있었고, 치료법은 없거나 제
한적인 경우가 많았다. 그러나 지금은 신경계와 관련된 임

상 의학 분야 중에도 신경재활(neurorehabilitation) 분야가 많은 관심을 받고 또 발전하고 있다. 신경재활은 신경계의 손상이나 질환으로 야기된 장해로 인해 잃어버린 기능을 회복하고 극대화하기 위한 재활의학의 한 분야이다.

신경계가 인간의 모든 기능을 관장하는 만큼 신경계 질환은 침범 부위에 따라 다양한 증상이 나타날 수 있지만, 치료적 관심을 가장 많이 받는 영역은 마비로 인한 운동 기능의 장애다. 운동 기능 장애를 치료하기 위해서는 우선 운동 기능과 관련된 신경계에 대한 이해가 있어야 한다.

운동신경계

사람의 몸은 어떻게 움직이는가? 우리 몸을 움직이는 근육을 수축하게 하는 명령은 대뇌피질에서 시작된다. 대뇌피질의 중심구(central sulcus) 바로 앞에 위치한 운동피질의 뉴런이 활성화되면, 그 신경의 축삭을 따라 전기가 전파되듯 명령이 전달된다. 대뇌피질에서 척수까지 이르는 운동신경의 경로를 피질척수로(corticospinal tract)라고 한다. 대뇌피질에서 시작된 명령은 척수의 양쪽 앞에 위치한 전각(앞뿔) 세포(anterior horn cell)에서 시냅스를 이루고, 그 세포로부터 전달된 명령은 말초신경을 통해 근육에 도달한다. 신경-근육 연접에 도달한 전기 신호는 신경 말단에서 아세틸콜린이란 신경전달물질을 유리하게 하고, 이 신경전달물질은 근육세포를 탈분극화해 수축을 일으킨다. 근육이 수축할 때 그 근육의 끝 힘줄이 붙어있는 뼈는 근육이 수축하는 방향으로 움직이게 된다.

보통 운동신경계라고 하면, 대뇌 운동피질에서 근육에 이르는 이 경로를 설명하게 된다. 하지만 이는 운동신경계의 지극히 일부분일 뿐이다. 뇌에서 척수로 연결되는 운동 기능을 담당하는 신경 경로는 피질척수로(corticospinal tract) 이외에도 중뇌의 적색핵(red nucleus)에서 시작하는 적색척수로(rubrospinal tract), 뇌간의 전정신경절(안뜰핵, vestibular nuclei)에서 시작하는 전정척수로(안뜰척수로, vestibulospinal tracts), 뇌간의 망상체(그물체, reticular formation)에서 시작하는 망상척수로(그물척수로, reticulospinal tract)가 있다. 이들 신경 경로는 근육의 긴장도 조절과 협응 운동에 관여한다.[1] 이들 중 주로 척수의 내측(안쪽, medial: 몸의 중심에 가까운 쪽)에 위치하는 전정척수로(vestibulospinal tracts), 내측 망상척수로(medial reticulospinal tract), 내측 피질척수로(medial corticospinal tract) 등은 주로 몸통의 자세와 대근육 운동 기능에 관여한다. 반면 척수의 외측(가쪽, lateral: 몸의 중심에서 먼 쪽)에 위치하는 외측 피질척수로

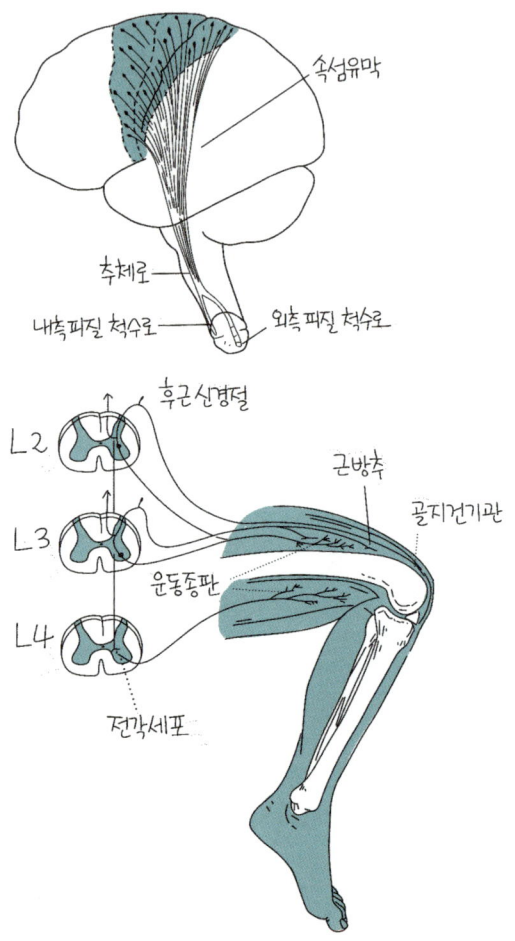

속섬유막

추체로

내측 피질 척수로 외측 피질 척수로

후근 신경절

L2

L3

근방추

골지건기관

운동종판

L4

전각세포

[운동 신경 경로]

소통과 연합

3

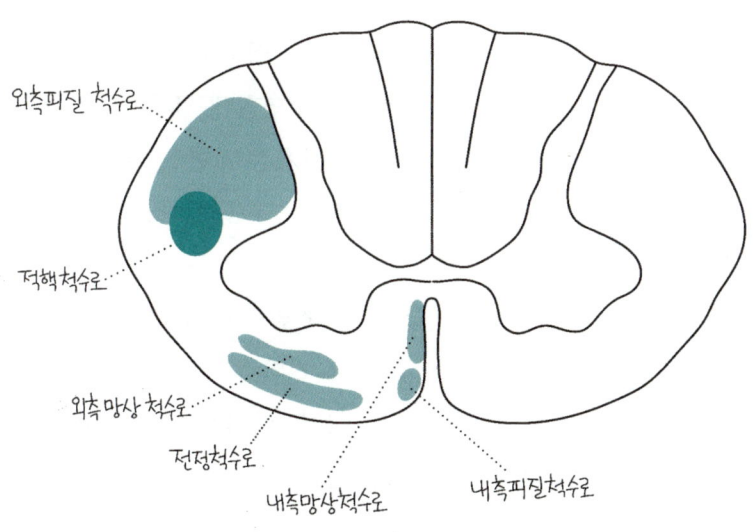

외측피질 척수로

적핵척수로

외측 망상 척수로

전정척수로

내측망상척수로

내측피질척수로

[척수 단면에서 본 하향성 운동 신경 경로]

전정척수로, 내측 망상척수로, 내측 피질척수로 등은 주로 몸통의 자세와 대근육 운동 기능에 관여하며, 외측 피질척수로, 적핵척수로, 외측 망상척수로 등은 주로 사지와 미세 동작 기능에 관여한다.

(lateral corticospinal tract), 적색척수로(rubrospinal tract), 외측 망상척수로(lateral reticulospinal tract) 등은 주로 사지와 미세 동작 기능에 관여한다.[2]

운동 기능을 원활하게 수행하기 위해서는 뇌에서 척수로 내려가는 하향성 경로(descending pathway) 뿐 아니라 말초에서부터 뇌로 올라가는 감각 신경의 상향성 경로(ascending pathway)도 중요한 역할을 한다. 뇌의 안쪽에 위치하여 모든 감각 정보를 수렴하고 통합하는 정거장 역할을 하는 시상(thalamus)은 대뇌의 감각피질뿐아니라 운동피질에도 정보를 전달한다.

뇌에서 척수로 연결되는 이런 경로들 이외에도, 대뇌피질과 기저핵, 그리고 소뇌 사이에 긴밀한 네트워크가 형성되어 있어, 운동피질이 운동 명령을 내리기 전에 이들 구조물과 끊임없는 소통을 한다. 소뇌는 대뇌의 아래쪽, 뇌간의 뒤쪽에 위치하면서 3개의 다리로 연결되어 있는데, 아래소뇌다리(inferior cerebellar peduncle)를 통해 척수로부터 올라오는 감각 정보를 받아들이고 중간소뇌다리(middle cerebellar peduncle)를 통해 대뇌피질로부터의 정보를 받아들이며, 위소뇌다리(superior cerebellar peduncle)를 통해 뇌간의 전정신경절(안뜰핵, vestibular nuclei), 중뇌의 적색핵(red nucleus), 그리고 시상을 경유해 대뇌피질에까지 정보를 전달해 균형과 근긴장도를 조절하는 기능을 한다. 기저핵은 대뇌의 안쪽 깊은 곳에 세포체가 모여 있는 부위인데, 꼬리핵(caudate), 조가비핵(putamen), 창백핵(globus pallidus), 시상밑핵(subthalamic nucleus), 흑색질(substantia nigra) 등을 일컫는다. 꼬리핵(caudate nucleus)과 조가비핵(putamen)을 합쳐 줄무늬체(striatum)라고 하는데, 줄무늬체(striatum)는 기저핵 중 정보를 수용하는 역할을 하며, 대뇌피질, 시상, 흑색질 및 변연계의 편도체(amygdala)로부터 정보를 받아들인다. 줄무늬체(striatum)와 창백핵(globus pallidus)을 거친 정보들은 시상을 경유해 다시 대뇌피질로 전달된다. 기저핵 부위에 문제가 있으면 진전(tremor: 떨림), 무정위운동증(athetosis: 곰지락운동이라고도 하며 손, 팔, 목 또는 얼굴을 뒤틀거나 구부리는 동작), 무도증(chorea: 불규칙하게 움찔거리는 불수의 운동), 도리깨질(ballism: 무도증보다 크고 빠르게 사지가 지속적으로 움직이는 증상) 등의 불수의 운동이 나타난다.[3]

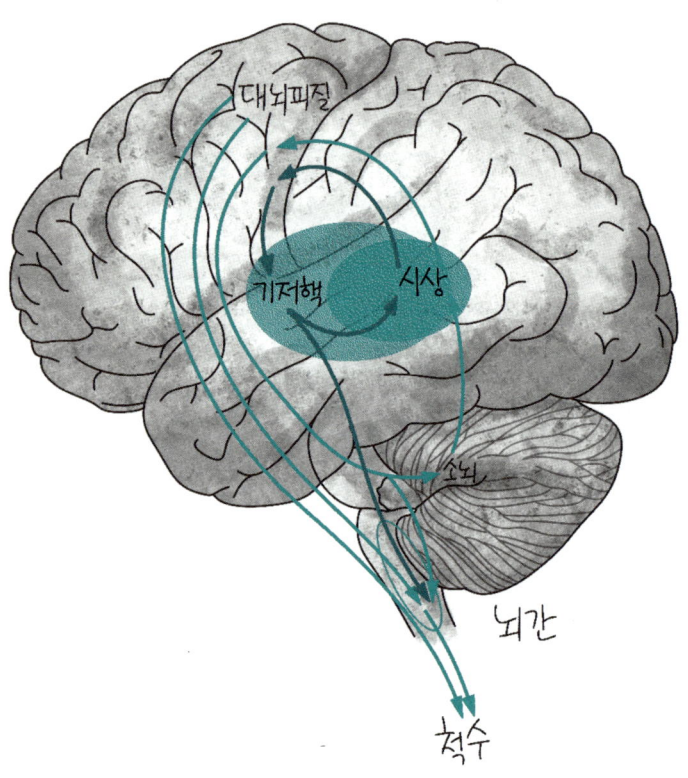

[대뇌피질, 소뇌, 기저핵의 연결]

대뇌피질과 기저핵, 그리고 소뇌 사이에 긴밀한 네트워크
가 형성되어 있어, 운동피질이 운동 명령을 내리기 전에 이
들 구조물과 끊임없는 소통을 한다.

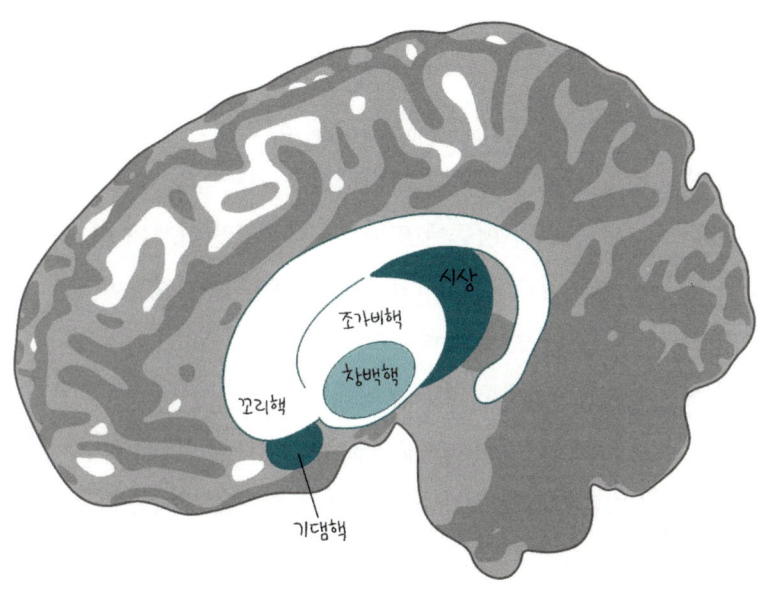

시상

조가비핵

창백핵

꼬리핵

기댐핵

[기저핵]

기저핵은 대뇌의 안쪽 깊은 곳에 세포체가 모여 있는 부위인데, 꼬리핵, 조가비핵, 창백핵, 시상밑핵, 흑색질 등을 일컫는다. 기저핵 부위에 문제가 있으면 진전, 무정위운동증, 무도증, 도리깨질 등의 불수의 운동이 나타난다.

변연계 Limbic system

대뇌피질은 이름이 시사하는 것처럼 대뇌 바깥 부분을 싸고 있지만, 안으로 말려들어가 밖에서는 보이지 않는 피질 부위도 있다. 바로 변연계(limbic system)라고 불리는 곳이다. 이 변연계도 감각 운동피질뿐 아니라 기저핵, 뇌간과도 연결되어 있어 사람의 행동에 영향을 미친다. 변연계는 대뇌의 안쪽에 자리한 그 위치처럼 사람의 속마음과 연관이 있다. 인체의 호르몬을 관장하는 시상하부(hypothalamus)와 연결되어 자율신경계에도 영향을 미친다.

변연계에 위치한 해마(hippocampus)는 기억을 저장하는 구조물로서 알츠하이머 치매 환자에게서 위축을 보이는 부위다. 해마가 명시적 기억을 저장한다면, 거기 인접해 있는 편도체(amygdala)는 감정적 기억을 담당한다. 편도체에 저장된 감정적 기억은 사람이 오감을 통해 주변 상황을 인식한 정보들에 대해 감정적인 반응을 이끌어 낸다.

변연계의 앞쪽에 위치한 기댐핵(nucleus accumbens)과 사이막핵(septal nuclei)은 전두엽과 편도체, 그리고 시상하부와 뇌간에 신경섬유가 연결되어 있는데, 이들 구조물의 기능은 보상 기전 및 쾌락과 연관되어 있다.

변연계의 기능을 요약하면, 기억(memory)과 동기(motivation), 후각기능(olfactory function), 내장 기능(visceral function), 그리고 감정(emotion)이라고 할 수 있는데, 이 기능들의 알파벳 첫 자를 따서 변연계가 우리를 움직인다(MOVE) 라고 표현할 수 있다.[4]

이와 같이 속마음의 기능을 담당하는 변연계는 전두엽과도 연결되어 사람의 의지에 영향을 주기도 하고 의지의 통제를 받기도 한다.

변연계가 우리를 움직인다. (The limbic system MOVES us.)[4]

M 기억/동기 Memory / motivation: 욕동(drive). 기억의 선택과 인출. 욕망.

O 후각 Olfaction: 시상을 거치지 않고 피질에 이르는 유일한 감각.

V 내장 Visceral: 갈증, 허기, 체온조절, 내분비 기능, 자율신경계 (교감/부교감 신경).

E 감정 Emotion: 느낌과 태도. 자기 인식, 자아상. 사회성.

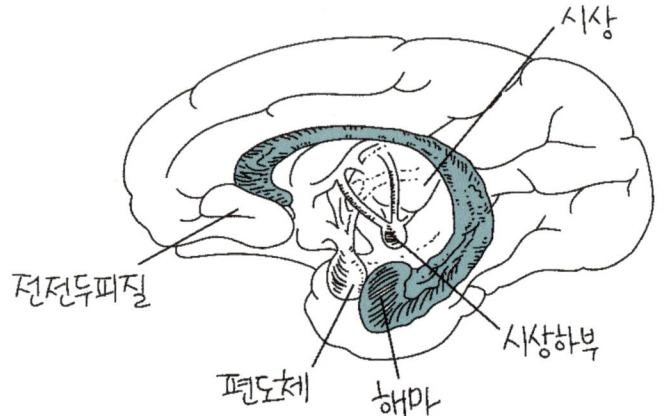

시상

전전두피질

편도체   해마

시상하부

[뇌 안쪽에서 본 변연계의 구조]

변연계에 위치한 해마는 기억을 저장하는 구조물로서 알츠
하이머 치매 환자에게서 위축을 보이는 부위다. 해마가 명
시적 기억을 저장한다면, 거기 인접해 있는 편도체는 감정
적 기억을 담당한다.

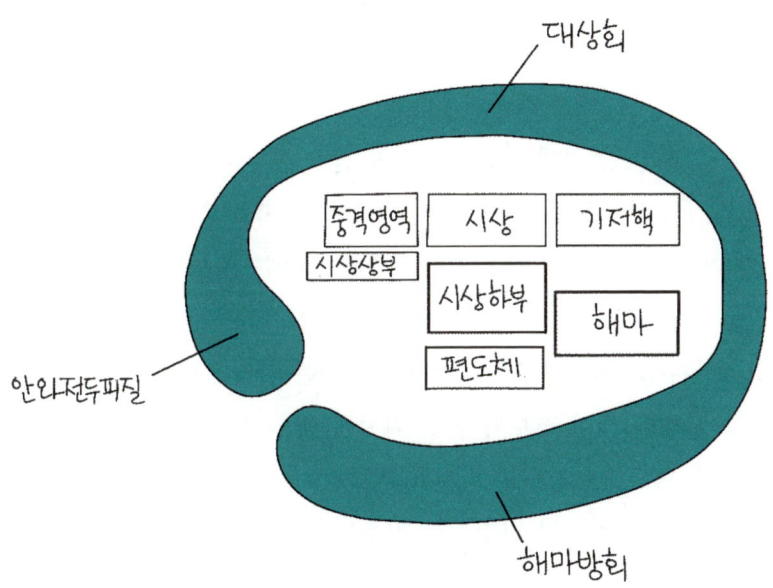

변연계는 대뇌의 안쪽에 자리한 그 위치처럼 사람의 속마음과 연관이 있다. 인체의 호르몬을 관장하는 시상하부와 연결되어 자율신경계에도 영향을 미친다.

신경계에 대한 이해: 계급조직 vs. 수평조직

　뇌의 기능에는 질서가 있다. 그러나 그 질서는 일방적인 상명하달의 질서는 아니다. 뇌는 권위적인 체계이기보다는 공동체적 체계다. 뉴런마다 기능이 있고 그 기능에 따른 순서가 있지만, 신경세포들은 서로 의견을 교환하며 질서 있게 자기의 역할을 감당한다. 운동 기능만 보아도 그렇다.

　대뇌피질에서부터 백질을 지나 뇌간, 척수, 말초신경, 그리고 근육에 이르는 체계가 있지만, 이 체계는 일방적으로 작용하지 않는다. 피부와 근육에 존재하는 감각세포는 몸의 외부 환경에 대한 정보와 몸의 위치에 대한 정보를 수집해 말초신경을 거쳐 척수와 뇌간을 거슬러 올라가 대뇌에까지 정보를 전달한다. 그 과정에서 정보는 소뇌와 기저핵의 회로들을 거쳐 해석되고 보완된다. 그리고 대뇌의 다른 영역에서도 수집된 정보에 대해 파악하고 판단하고 반응하는 과정을 거친다. 그러면서 몸은 빠른 반사작용에 의해 대응하기도 하지만, 시간이 걸리는 학습 과정을 거쳐 행동을 변화시키기도 한다. 뇌의 이러한 기능 방식은 계급조직(hierarchy)이기보다는 수평조직(heterarchy)에 가깝다.[5]

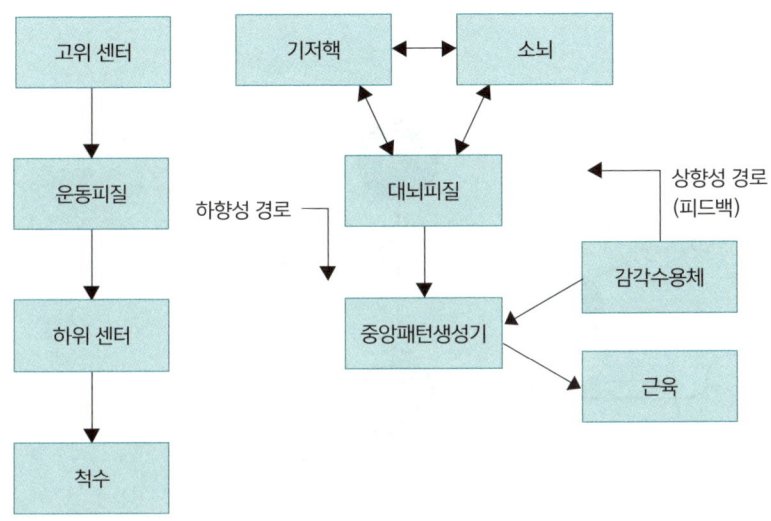

[계급조직 vs. 수평조직][5]

뇌의 기능에는 질서가 있다. 그러나 그 질서는 일방적인 상명하달의 질서는 아니다. 뇌는 권위적인 체계이기보다는 공동체적 체계다. 뇌의 기능 방식은 계급조직이기보다는 수평조직에 가깝다

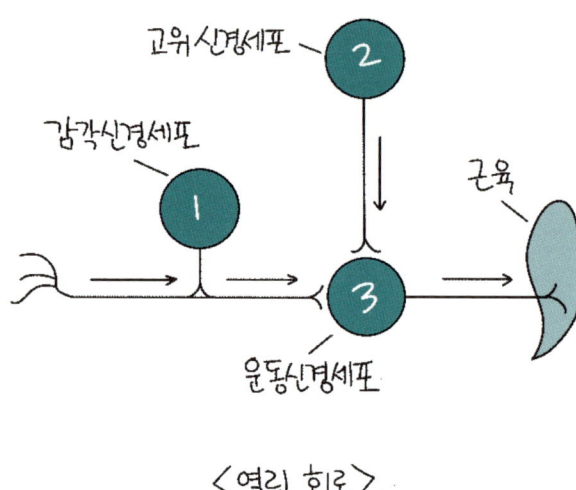

고위신경세포 — 2

감각신경세포 1

근육

3

운동신경세포

〈 열린 회로 〉

[열린회로 vs. 닫힌회로]

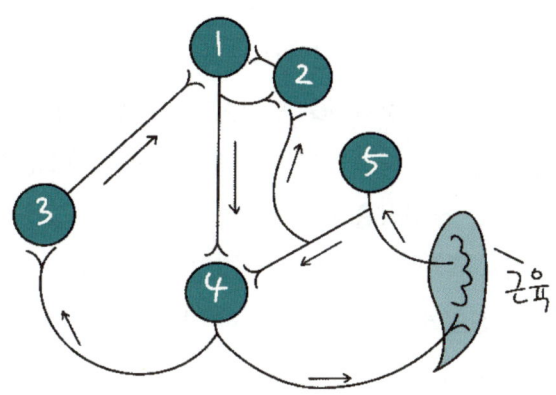

〈닫힌 회로〉

우리 몸의 신경계가 작동하는 방식은 일방적인 명령 전달체계인 열린회로 시스템이 아니라 상호 연결체계인 닫힌회로 시스템이다.

이처럼 우리 몸의 신경계가 작동하는 방식은 일방적인 명령 전달체계인 열린회로 시스템(open loop system)이 아니라 상호 연결체계인 닫힌회로 시스템(closed loop system)이라고 할 수 있다. 만일 일방적인 명령 전달체계로만 작동한다면, 신경 손상에 의해 그 전달로가 차단되었을 때 그 신경이 담당하던 기능은 소실되고 만다. 그러나 상호 연결 체계이기에 서로 정보를 교환하고 피드백을 주고받으며 손상에 대응할 수 있는 잠재력을 가지게 된다.

신경계는 변하지 않는다는 고정관념만 계속 고집했다면, 손상된 신경계를 치료하기 위한 기법들도 탄생하지 못했을 것이다. 이렇게 상호 소통하고 협력하는 신경계의 작동 방식 때문에 여러 가지 감각적 피드백을 제공함으로써 운동 반응을 유도하는 재활치료 기법들이 개발되었다.

재활치료의 원리: 신경촉진 neurofacilitation

신경계 손상으로 인한 운동 장애를 치료하는 원리는 특정한 감각적 자극을 제공해 바람직하지 않은 병적 움직임을 억제하고 원하는 움직임의 패턴을 끌어내는 방식인데, 이러한 치료법을 신경촉진(neurofacilitation)이라고 한다.

신경촉진을 위해 사용하는 자극은 운동 반사를 유도하려는 목적으로 주어지는데, 운동 반사는 정상적인 상황에서는 대뇌에서의 하향성 경로(descending pathway)에 의해 조절되고 억제되지만, 병적 상황에서는 탈억제되고 강화되어 나타나는 경향이 있다. 원래 반사는 신경계가 성숙하지 않은 유아에서는 정상적으로 나타난다. 손바닥을 눌렀을 때 체중을 유지할 수 있을 정도로 강하게 움켜쥐는 파악반사(grasp reflex), 몸을 떨어뜨리는 듯한 자극을 주었을 때 뭔가 잡으려는 듯 팔을 폈다가 오므리는 모로반사(Moro reflex), 발등을 책상 모서리에 대면 발을 책상 위로 올려 내딛으려 하는 내딛기반사(placing reflex) 등이 대표적인 예다. 신경계가 성숙하면서 자의적인 운동 조절 능력이 발달함에 따라 이런 반사들은 정상적으로 억제되지만, 신경계의 이상이 있는 환자에게는 원하는 동작을 유도하기 위해 이런 반사작용을 사용하는 것이다.

반사는 중추신경계의 수준에 따라 척수를 경유하는 척수반사(spinal reflex)와 뇌간 또는 중뇌를 경유하는 상위척수반사(supraspinal reflex)가 있다. 일반적으로 진찰 시에 흔히 이용되는 심부건반사(깊은힘줄반사, deep tendon reflex)는 해머로 힘줄을 살짝 두드려서 갑작스럽게 스트레칭시켜 해당 근육의 수축을 유도하는 일차적인 척수반사의 예다. 이차적인 척수반사는 한 근육의 수축에 수반하여 그 근육과 협동작용 (synergy)을 하는 다른 근육들의 수축을 야기할 수 있고, 동측의 팔 또는 다리에 반대의 협동작용을 유발하거나(long stretch reflex) 반대측 팔 또는 다리에 반대의 협동작용을 유발할 수 있다. 다리의 굴곡(굽힘, flexion) 상태에서 발목의 신전(폄, extension)[발바닥굽힘(plantar flexion)]근을 스트레칭하면 발목뿐 아니라 고관절과 무릎의 폄이 유발되고(extension thrust reflex) 다리의 폄 상태에서 발목의 발등굽힘(dorsiflexion: 발목을 위로 굽히는 동작)근을 스트레칭하면 발목뿐 아니라 고관절과 무릎의 굽힘이 유발된다(Marie-Foix flexion reflex). 근육 위의 피부에 자극을 주거나 통각 자극을 주는 것으로도 근육의 수축을 유도할 수 있다. 상위척수반사로는 목을 회전시켰을 때 얼굴이 향하는 쪽 팔과 다리는 펴지고 반대측 팔과 다리는 굽혀지는 비대칭적 긴장목반사(asymmetric tonic neck reflex), 목을 앞으로 굽히면 양쪽 팔의 굽힘과 양쪽 다리의 폄이 나타나고 목을 뒤로 펴면 양쪽 팔의 폄과 양쪽 다리의 굽힘이 나타나는 대칭적 긴장목반사(symmetric tonic neck reflex), 목의 위치에 따라 중력이 내이(속귀)의 난원낭(타원주머니, utricle)에 미치는 영향으로 나타나는 고정미로반사(static labyrinthine reflex), 가속도를 주어 목을 회전시킬 때 반고리관을 자극하여 회전의 방향에 따라 팔과 다리의 굽힘 또는 폄이 나타나

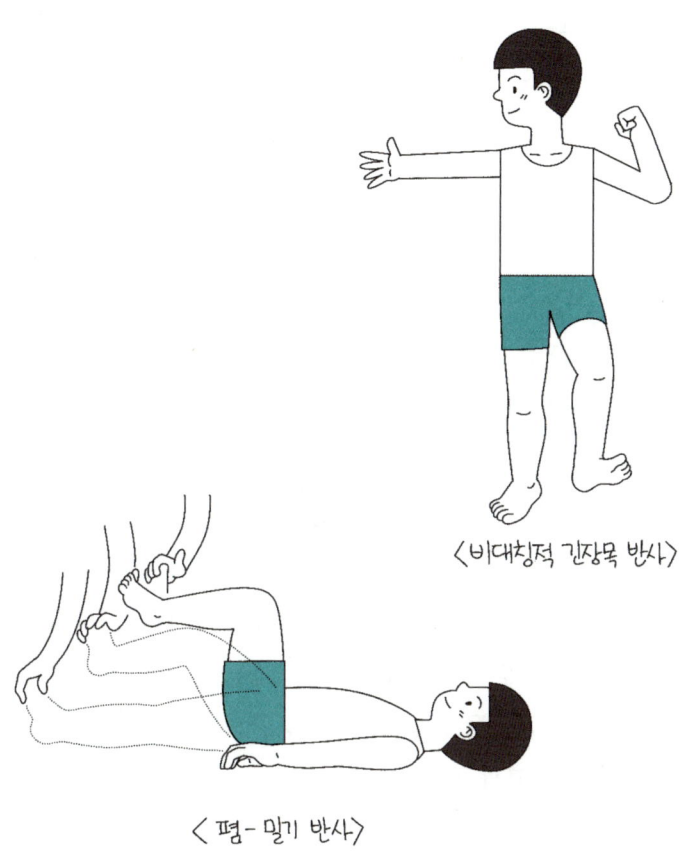

〈비대칭적 긴장목 반사〉

〈 폄-밀기 반사〉

[운동 반사의 예: 폄-밀기 반사(extension thrust reflex)와 비대칭적 긴장목 반사]

신경계가 성숙하면서 자의적인 운동 조절 능력이 발달함에 따라 이런 반사들은 정상적으로 억제되지만, 신경계의 이상이 있는 환자에게는 원하는 동작을 유도하기 위해 반사작용을 사용한다.

는 운동미로반사(kinetic labyrinthine reflex) 등이 있다. 치료자는 이런 반사작용과 정위(righting) 반응과 몸의 자세를 이용하여 신체를 핸들링하면서 원하는 동작을 유도할 수 있다.[6]

전통적인 신경촉진 치료법들로는 사용하는 감각 자극의 특성에 따라 몇 가지 접근법들이 소개되고 있다. 보바스(Bobath) 치료는 목과 체간의 자세 반사와 평형 반응을 사용해 근긴장도를 조절하고 원하는 동작을 유도하는 방법으로, 스트레칭과 두드리기 등의 자극도 보조적으로 사용한다. 브룬스트롬(Brunnstrom) 치료는 초기에는 협동작용을 이용하다가 점차 운동 패턴을 수정해 가며 기능적 동작을 유도하는 방법으로, 중추성 촉진 및 고유수용성 자극과 촉각 자극을 복합적으로 활용한다. 고유수용기성신경근촉통법(Proprioceptive Neuromuscular Facilitation, PNF)은 특정한 대각선-나선 동작(diagonal-spiral movement) 패턴을 이용해 근육을 신장 상태에서 시작해 단축 상태로 움직임을 유도하면서 근육의 수축을 촉진하는 방법으로, 등장성(isotonic) 수축과 등척성(isometric) 수축 및 자세와 정위 반사를 이용한다. 루드(Rood)의 접근법은 솔이나 얼음 등으로 피부에 촉각 자극을 가해 수용체의 감수성을 증가시키고 스트레칭을 통해 고유수용성 감각 자극을 주어 근육 수축을 유도하는 방법이다.[7] 현재 우리나라에서는 이들 중 중추신경계 발달치료

[보바스 치료]

보바스 치료는 목과 체간의 자세 반사와 평형 반응을 사용해 근긴장도를 조절하고 원하는 동작을 유도하는 방법으로, 스트레칭과 두드리기 등의 자극도 보조적으로 사용한다.

(Neurodevelopmental treatment, NDT)라는 이름으로 알려진 보바스 치료와 PNF 치료가 주로 사용된다. 이 외에도 영아기에 몸의 특정 부위에 압박 자극을 가함으로써 뒤집기, 기기 등의 운동 반응을 유도하는 보이타(Vojta) 치료와 유아기 아동들의 집중력 향상과 운동 발달을 위해 전정 자극을 주로 이용하는 감각통합(Sensory Integration, SI) 치료법 등이 있다.

운동 기능을 담당하는 신경계가 손상되어 정상적인 움직임이 어려워지면, 우리 몸은 비정상적인 운동 패턴을 보이게 된다. 이상 운동 패턴을 개선하기 위해 앞에서 소개한 여러 가지 감각 자극을 이용한 신경촉진 치료를 적용하게 되는데, 운동 패턴을 바꾸려고 치료받는 과정이 그리 쉽지는 않다. 뇌성마비는 태어나면서부터 존재하는 뇌의 손상으로 신체적인 마비와 여러 동반 증상들이 발생하는 질환이다. 처음에는 이상이 있는지 눈치 못 챌 수도 있지만, 아이가 발육 성장함에 따라 마땅히 할 수 있어야 할 동작들, 목 가누기, 뒤집기, 기기 등이 더딘 것을 보고 아이의 운동 발달 장애를 의심하여 병원을 찾게 되는 경우가 많다. 뇌성마비가 있는 아이들은 운동 발달이 느려지기도 하지만 발달하는 과정에서 비정상적으로 근긴장도가 강해지거나 운동 패턴이 비정상적으로 나타나기도 한다. 이런 아동들의 운동 발달을 돕기 위해 신경촉진 치료법들이 많이 사용되는데, 뇌성마비

아이들을 치료하는 치료실에는 아이들의 울음소리가 드물지 않다. 그 아이가 잘못해서 생긴 문제는 아니지만, 나오는 그대로 편하게 움직이다가는 비정상적인 운동 패턴만 강화된다. 그런데 정상적인 운동 발달을 돕기 위해서는 비정상적인 운동을 억제해야 한다. 그 과정에서 고통이 수반된다. 내 몸에 밴 잘못된 습관을 고치기는 어려운 법이다. 고통 없이는 얻는 게 없다(No pain, no gain).

오래전 소록도에 근무했던 적이 있다. 전라남도 고흥반도 아래쪽에 위치한, 사슴을 닮은 예쁜 섬 소록도는, 일제강점기에 한센병 환자들을 수용하기 위해 만들어진 시설이다. 지금은 어떤지 모르겠지만, 소록도에는 야생 방목된 사슴들이 있었고 운이 좋으면 그냥 길을 가다가도 사슴들을 마주치기도 하였다. 사슴 중에는 흰 사슴도 있었는데, 주로 혼자 다니는 흰 사슴이 내가 살던 집 근처로 내려온 적도 있었다. 그렇게 아름다운 자연환경과 예쁘게 조성된 정원이 있는 소록도였지만, 사실 소록도는 많은 사람들의 풀지 못한 한이 서려 있는 곳이다. 전염성 질환인 한센병의 치료제가 없고 격리 외에는 방법이 없던 시절에 강제로 가족들과 이별하고 격리 수용된 곳이 소록도였던 것이다. 그때 그들의 사정과 탄원은 사회에 들리지 않았다. 지금은 다리가 놓아졌다고 들었지만, 실제로 뭍에서 그리 멀지 않은 거리에 있는 소록도는 오랫동안 금단의 섬이었다. 치료제가 개발되고 격리가 더 이상 필요하지 않게 된 이후에도, 사회적 기반을 잃은 한센병 환자들은 소록도에 계속 머무르고 있었다. 거기에 있는 짧은 기간동안 많은 지인들과 벗들이 우리 가정을 방문해 주었는데, 소록도의 아름다움을 보여주면서 한센병에 대해 설명하며 편견을 해소시키는 것이 나의 일상이었다. 여기서 소록도에 관한 세세한 이야기들을 다 언급할 필요는 없지만, 소록도는 불의한 권력이 공익을 명분으로 소수의 인권을 짓밟았던, 아프지만 기억해야 할 우리의 역사다. 한센병은 말초의 감각신경이 손상되어 고통을 느끼지 못하기 때문에 손가락 발가락이 절단되고, 눈 코 입에도 변형이 발생하는 질병이다. 그런 면에서 고통을 느낄 수 있다는 것은 축복이고 선물이다. 인도에서 한센병 환자를 치료하며 한센병에 대한 큰 의학적 업적을 이루었던 폴 브랜드 박사는 우리 몸을 각기 다른 세포들이 동일한 DNA를 가지고 연합한 공동체(community)로 보았다. 운동신경계만 보아도 우리 몸은 서로 소통하며 하나의 연합체를 이루고 있다는 사실을 알 수 있다.

  신경계의 손상으로 이 연합이 깨어지면 효과적인 동작을 할 수가 없다. 마찬가지로 연합이 깨어진 사회는 건강한 사회로 기능할 수 없다.

성경은 이상적인 사회를 인체에 비유한다.[8] 사람들이 모인 집단에는 언제나 갈등과 분열이 발생하기 마련인데, 초기 기독교가 시작되면서 생성된 교회에서도 그랬던 듯하다. 예수의 가르침을 따라 사랑으로 연합된 새로운 사회를 지향하는 교회에서 나타난 갈등과 분열을 해소하기 위해서는 각 구성원들이 서로 한 몸을 이루는 지체라는 의식이 필요했다. 당시 로마 사회는 신격화된 황제의 절대권력 아래에서 지배자와 피지배자의 차별이 있고, 로마 시민과 속국 시민들간의 인종적 차별 및 자유자와 노예의 신분 차별이 당연시되는 사회였다. 사회의 구성원들이 한 몸의 지체라는 생각은 몸의 각 지체가 기능은 다르더라도 존귀함에서는 다르지 않기 때문에 당시의 차별적 사회에서는 가히 혁명적인 사고라 할 만하다. 한 몸에서는 생명의 유지에는 별로 중요하지 않은 발가락 하나만 다쳐도 온 몸은 아픈 발가락을 감싼다. 한 몸이라는 지체의식이 없는 사회는 고통 당하는 사회 구성원들에 대한 감수성이 결여되고 타자화가 만연하게 되어 조화롭게 기능하지 못하며, 마치 한센병이나 당뇨병성 말초신경병증에서 발가락의 통증을 감지하지 못하고 혹사하다가 결국 절단에 이르는 것처럼 소외와 차별 속에서 분열되고 마는 것이다.

우리 몸에는 여러 가지 계통과 기관이 있다. 각기 기능은 다르고, 또 개체의 생명 보전을 위해서 가지고 있는 기능의 중요성에 차이는 있지만, 어느 것 하나 쓸데없거나 내쳐야 할 것은 없다, 몸의 다른 세포들과 공존하기를 거부하고 스스로 영양분을 독식하며 성장하는 것은 암세포다. 내 몸의 일부임을 인식하지 못하고 면역세포들을 이용해 공격하는 것이 자가면역 질환이다. 이런 질환들은 우리 몸의 소통 체계가 망가지고 연합이 해체될 때 발생하는 질환들이다. 정상적이고 건강한 상태의 몸은 하나의 DNA 안에서 안전한 연합을 이룬다. 한 사회가 한 사람의 몸처럼 서로 소통하고 연합하여 공동체를 이룬다면, 그 사회의 생산성은 높아지고 구성원의 행복도 극대화될 수 있다. 공동체(community)는 소통(communication) 없이 이루어질 수 없다.

학습에 의한 변화

Change by Learning

4

PART

제 인생에서 공짜로 얻은 건 하나도 없었어요.

드리블, 슈팅, 컨디션 유지, 부상 방지 등은 전부 죽어라

노력해서 얻은 결과물이라고 믿어요. 지금 저는 자제하

고 훈련하면서 꿈을 향해 달리고 있어요.

—손흥민

얘야, 네가 원하면 교육을 받을 수 있고 마음을 쏟으면

현명하게 될 수 있다.

—집회서 6장 32절

시스템 이론이란, 세계를 모든 현상의 상호 연관성과 상

호 의존성에 의해 파악하는 것이며 이 기본 구조에서는

그 특성이 그것을 형성하고 있는 부분으로 환원할 수 없

는 통합된 전체를 시스템이라고 부른다.

—프리조프 카프라, 《새로운 과학과 문명의 전환》 중에서

현대의학의 과학적 방법론은 환원주의적 입장을 견

지하고 있다. 인체를 계통과 기관으로, 그리고 조직과 세포

차원으로 더 세부적으로 들어가서 관찰하고, 거기서 더 나

아가 세포의 기능에 관여하는 화학물질과 DNA와 분자의 수준에까지 세밀하게 들어간다. 이런 방식의 연구를 통해 우리는 인체의 놀라운 비밀을 알아내고 있다. 그러나 이런 방식으로 모든 것을 다 알 수 있는 것은 아니다. 미시적인 방법으로 알아낼 수 있는 지식도 있지만, 거시적인 시각으로만 볼 수 있는 것들도 있다.

신경계에 대한 지식은 운동 조절과 관련 있는 신경계의 조직과 기능에 대한 정보를 알게 했다. 앞서 살펴보았던 운동계에 대한 지식이 그것이다. 그런데 움직임이란 현상을 살펴보면, 한 개체의 특성만으로 설명할 수 없음을 알게 된다. 움직임에는 움직이는 개체의 특성뿐 아니라 그 움직임을 통해 완수하고자 하는 과업의 특성과 그 과업이 수행되는 환경의 특성이 모두 영향을 미친다.

스포츠 동작을 생각해 보자. 골프공을 잘 치기 위해서는 자세와 양쪽 팔과 다리의 동작이 다 훈련되어야 한다. 몸통의 균형, 클럽을 쥐는 힘, 팔을 휘두르는 정교한 동작과 힘, 양다리의 협응 운동 등이 훈련되어야 할 개체의 운동 관련 요소다. 그러나 균형과 힘과 정교한 동작과 협응 운동이 좋다고 해서 좋은 골프 선수가 되는 것은 아니다. 이런 기초적인 운동 이후에 반드시 실제 골프채를 잡고 공을 치는 연습이 되어야 한다. 수행하고자 하는 과업에 대한 특이적 훈련

없이 그 과업의 수행 능력을 향상할 수 없다. 신체적 조건을 충분히 갖추었고 연습장에서 실제로 골프공을 날리는 연습이 다 되었다고 해도 거기서 끝이 아니다. 연습장에서 하는 것과 실제 필드에서 하는 것은 다르다. 연습장 훈련 후에는 반드시 필드 훈련을 해야 한다.

이처럼 움직임은 개체와 과업과 환경의 상호작용 속에서 일어난다. 사람의 운동 조절 능력을 향상하기 위한 치료법도 종전에는 각 개체에서 바람직한 운동을 끌어내는 것에 초점을 맞추었다면, 근래의 개념은 생활 환경에서 수행하고자 하는 과업 특이적 훈련을 반복적으로 연습하는 것을 강조하는 쪽으로 변하고 있다. 미시적인 해부생리학적 관점에서 거시적인 시스템 관점으로 전환되었다고 할 수 있다.

시스템 세계관

근대 이후 발생한 과학에 근거한 의학의 세계관적 기초는 생의학적(biomedical) 관점이라고 할 수 있다. 카프라(Fritjof Capra)에 의하면 이런 관점은 데카르트적 혁명과 함께 시작되었다.[1] 데카르트의 자연관은 정신과 물질의 분리를 기초로 하고 있으며, 이러한 자연관을 이어받은 뉴턴에 이르러 세상은 객관적으로 기술할 수 있는 기계적 조직으로 믿어지게 되었다.[2] 이런 사조가 의학 분야에도 적용되어 질병은 임상병리학적 관찰로 분석, 분류되고, 해부병리적 개념으로 정의되며, 질병이 발생하는 공간도 세포 수준으로 환원되었다.

이러한 관점과 대조적으로, 시스템적 관점은 세계를 관계와 통합의 견지에서 보며, 기본 구성 요소를 집중적으로 다루는 대신, 조직체의 기본 원리를 강조한다.[3] 그런 측면에서 건강을 정적인 상태로 보기보다는 환경의 도전에 대한 유기체의 대응을 반영하는 연속적 행동이자 변화로 본다.

신경재활 치료 영역에서도, 운동 기능의 신경생리학적 이론에 근거한 신경촉진을 강조하는 치료법에서 시스템 이론에 근거한 운동 학습을 강조하는 치료법으로 패러다임의 전환이 일어났다.

운동 학습의 원리[4]

시스템적 관점에 의하면 움직임은 운동을 수행하는 개체(individual), 움직임을 통해 수행하고자 하는 과제(task), 그 과제가 수행되는 환경(environment) 등 3가지 요소의 상호작용에 의해 발현된다. 개체와 관련된 요인들은 지각능력, 인식

능력, 운동능력이며, 과제는 이동, 안정성, 조작 등으로 세분된다. 환경에 따른 제약은 조정이 가능한 것인지 불가능한 것인지 파악해야 한다. 운동 조절(motor control) 능력은 그 움직임에 필요한 요소를 규제하고 관리하는 능력이다. 운동 조절 능력을 습득해 숙달된 동작에 이르게 되는 것이 운동 학습(motor learning)이다.

앞 장에서 살펴본 것처럼, 특정 운동 패턴을 촉진하거나 억제해 운동 조절 능력을 훈련하는 것에 초점을 둔 치료법이 신경촉진 접근법(neurofacilitation approach)이라면, 시스템적 관점으로 움직임을 이해하고 운동 패턴의 수정보다는 기능적 과제의 달성에 초점을 두는 치료법을 운동 학습 접근법(motor learning approach) 또는 과제 지향적 접근법(task-oriented approach)이라고 한다.

운동 학습 접근법은 정상 운동 패턴을 연습하는 것보다는 기능적 과제를 수행하면서 경험하는 문제점을 해결하기 위해 능동적으로 훈련하는 것을 강조한다. 보행 재활을 예로 들자면, 신경촉진 접근법을 이용하여 보행과 관련된 하지의 움직임을 촉진할 수 있지만, 치료사의 손을 통해 촉진된 움직임이 반드시 환자 스스로 움직일 수 있는 동작으로 이어지는 것은 아니다. 운동학습 접근법은 환자 스스로 보행 동작을 학습할 수 있도록 반복적인 보행 동작을 훈련하는 환

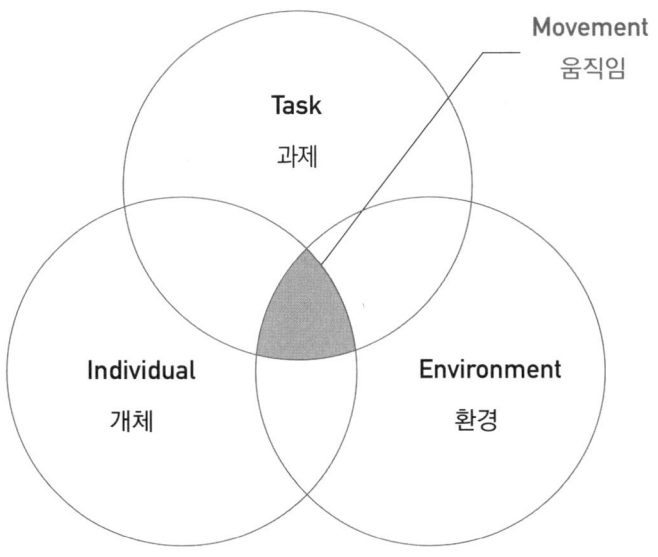

[움직임의 3요소]

운동 학습 접근법은 정상 운동 패턴을 연습하는 것보다는 기능적 과제를 수행하면서 경험하는 문제점을 해결하기 위해 능동적으로 훈련하는 것을 강조한다.

경을 강조한다. 이를 위해 일정한 속도로 돌아가는 트레드밀 위에 체중 탈부하 장치를 설치하여 환자를 안전하게 위치시키고 반복적으로 보행 동작을 훈련하는 방법이 고안되었다.

그러나 보행이 불가능한 환자에게 이는 매우 어려운 훈련이며 훈련을 보조하는 치료사에게도 과중한 업무여서 지금은 보행 로봇을 개발하여 반복된 보행 훈련을 통해 보행 기능을 재학습하도록 돕고 있다. 학습은 숙달된 동작 수행 능력을 습득하는 과정이며, 경험과 연습을 통해서만 가능하다. 학습이 이루어졌는지는 학습의 결과로 나타난 행동을 관찰함으로 알 수 있다. 진정 학습이 이루어졌다면 거기에 따른 행동의 변화는 영구적이다.

학습이라고 하면 보통 공부하고 암기하는 과정을 떠올리게 되는데, 사실 운동 학습도 이와 동일한 과정이다. 기억은 학습을 통해 뇌에 저장된다. 기억에는 명시적(explicit) 기억과 암시적(implicit) 기억이 있다. 명시적 기억이란 사실이나 사건에 대한 기억을 말하며, 우리가 흔히 암기한다고 할 때는 명시적 기억을 의미하는 것이다. 반면 암시적 기억이란 기술이나 습성을 습득하는 절차상(procedural) 기억을 의미하는 것으로 운동 학습은 여기에 해당한다.

운동 학습은 인지(cognitive), 연합(associative), 그리고 자율

(autonomous)의 3가지 단계로 이루어진다. 인지 단계에서는 주의 집중이 요구되는 단계로서 대뇌피질의 작용이 중요하다. 어느 정도 학습이 되어 자율 단계가 되면 의식을 기울이지 않아도 동작을 쉽게 수행할 수 있게 된다. 어려서 처음 발떼는 동작을 시작할 때는 온 정신을 발에 기울인다. 넘어지지 않기 위해 두 다리에 힘을 주고 뻣뻣하게 버텨야 하고, 중심을 잡은 후에 한쪽 발을 앞으로 옮긴다. 넘어지지 않고 이런 동작을 몇 번 반복하다 보면 엄마 아빠의 환호와 박수를 받게 되고, 한번 주저앉았다가도 다시 일어설 용기를 낸다. 그렇게 넘어지지 않고 발을 떼는 횟수가 증가하게 되고, 성장하여 보행 동작을 완전히 학습한 후에는, 걷는 동안에 내다리가 어떻게 움직이는지 전혀 신경도 쓰지 않는다. 다른 생각이나 다른 일을 하면서도 걸을 수 있다. 처음 배울 때에는 나의 대뇌피질이 온통 그 동작에 집중했지만, 학습되고 나서는 대뇌피질은 더 할 일이 없다. 피아노를 배울 때도 마찬가지다. 처음에는 손가락 하나 하나가 건반을 두드리는 동작을 하는데 온갖 신경을 집중해야 한다. 차차 한 손으로 건반을 두드리는 것이 익숙해지고, 이후에는 두 손으로도 동시에 다르게 건반을 두드리는 동작도 익숙해지고, 결국에는 하나의 곡을 두 손으로 쳐낼 수 있게 된다. 동작이 충분히 학습되어 대뇌피질이 내 몸의 움직임을 감시하는 일에서 자

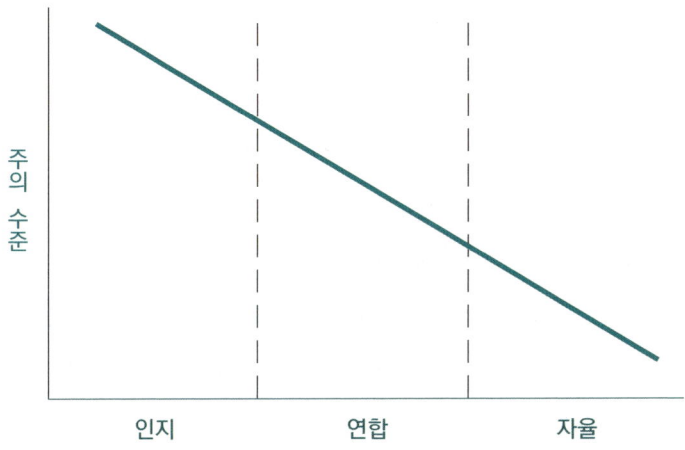

주의 수준

인지　　　　　　연합　　　　　　자율

[**운동 학습의 단계**][4]

인지 단계에서는 주의 집중이 요구되는 단계로서 대뇌피
질의 작용이 중요하다. 어느 정도 학습이 되어 자율 단계가
되면 의식을 기울이지 않아도 동작을 쉽게 수행할 수 있게
된다.

운동 학습을 위해 우선 중요한 것은 훈련의 양이다. 운동선
수들은 혹독한 훈련 없이는 운동 기술을 습득할 수 없다.

유롭게 되면, 그때는 내가 음악을 연주하며 느끼는 감성을 나의 피아노 치는 동작에 실을 수 있다.

운동 학습을 위해 우선 중요한 것은 훈련의 양이다. 운동선수들은 혹독한 훈련 없이는 운동 기술을 습득할 수 없다. 앞 장에서 편마비 환자의 상지 재활치료로 소개한 CIMT(constraint-induced movement therapy)도 무려 하루 6시간 이라는 강도 높은 훈련이 필요하다. 훈련 강도와 함께 또 중요한 것은 피드백이다. 연습한 동작이 제대로 수행되었는지 피드백을 받지 못하면 정확한 동작을 학습하기가 어렵다. 피드백은 동작을 수행하는 자신이 시각, 촉각 등 감각 정보를 통해 감지하는 내재적 피드백도 있고, 타인을 통해 또는 다른 측정 장비를 통해 받을 수 있는 외부적 피드백도 있다. 학습이 이루어지려면 피드백을 통해 동작을 계속 수정하고 또 반복해서 연습하는 과정이 필요하다.

연습의 방법 또한 중요하다. 연습을 많이 하는 것이 학습에 도움이 되지만, 훈련의 강도가 지나치면 피로에 빠질 수도 있다. 적절한 휴식 시간을 배치하여 훈련 효과를 극대화할 수 있도록 해야 한다. 연습하는 동작을 늘 동일하게 하는 것보다는 다양하게 변형하여 시행하는 것도 학습에 도움이 된다. 학습하고자 하는 동작이 복잡하다면, 여러 부분 동작으로 나누어 연습한 후 나중에 합치는 것도 학습의 한 방법이다.

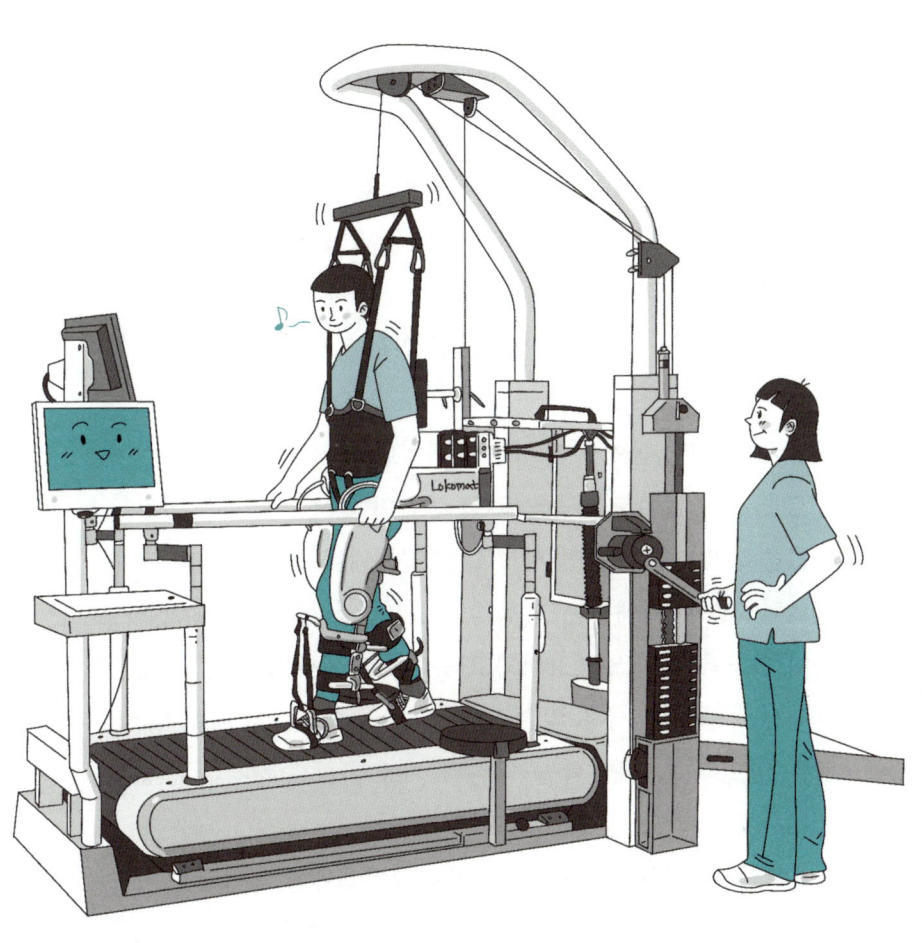

[전동식 보행훈련 시스템을 이용한 뇌줄중 환자의 보행훈련]

앞서 예를 들었던 골프 동작을 다시 생각해 보자. 처음 배울 때에는 두 발의 위치, 허리를 굽히는 정도, 클럽을 쥐는 법, 서 있을 때 두 팔의 위치와 스윙을 할 때의 각각의 팔의 동작을 하나씩 집중해서 습득해야 한다. 각각의 자세와 동작을 익힌 다음에는 온몸이 스윙 동작을 잘 수행할 수 있도록 피드백을 받으면서 전체 움직임을 습득해야 한다. 내 몸의 움직임에 의식을 집중하면서 스윙 동작을 잘 수행할 수 있다면, 그 동작을 수만 번 반복하면서 익숙해지도록 한다. 그렇게 되었을 때 흔히 표현하듯 그 동작은 몸이 기억하는 동작이 된다. 몸이 기억하는 동작이란 내가 의식적으로 신경을 쓰지 않아도 자동으로 그 동작이 나오는 단계에 이르렀음을 의미한다. 이렇게 기술이 습득되어 운동 학습이 완료되었을 때 뇌에서는 그 동작에 필요한 신경세포들의 작용이 쉽도록 시냅스가 강화되고 뉴런들이 재배열된다. 앞 장에서 언급했던 사용 의존적 가소성(use-dependent plasticity)은 엄밀히 말하면 학습 의존적 가소성(learning-dependent plasticity)이라고 할 수 있다.

뇌졸중에 의한 상하지의 마비로 후유장애를 경험하는 이들 중 많은 분들이 하지에 비해 상지의 회복이 어렵다고들 한다. 이는 뇌졸중에 의해 흔히 침범되는 중간대뇌동맥(middle cerebral artery) 혈류 공급 부위가 상지의 운동신경을 더 많이 침범하기 때문이기도 하고, 피질척수로(corticospinal tract) 손상시 사지의 근위부(어깨와 팔꿈치, 엉덩이와 무릎)보다 원위부(손목과 손, 발목과 발)의 회복이 어려운데 손가락을 움직여 정교한 작업을 해야 하는 상지 기능의 특성상 원위부(손목과 손) 운동기능이 회복되지 않으면 기능을 할 수 없기 때문이기도 하다. 그러나 그런 병리학적, 해부학적 이유 말고도 또다른 행동적 이유가 있는데, 이는 보행이 주 기능인 하지의 경우 보행 훈련을 하려면 양쪽 하지를 다 쓸 수밖에 없지만, 상지를 이용해서 하는 기본적인 일상생활동작들은 대부분 다른쪽 손만 이용해도 할 수 있기 때문이다. 즉 마비된 상지를 의도적으로 쓰려고 노력하지 않으면 반대쪽 상지가 기능을 대체해 버린다. 그러나 지금까지 살펴보았듯이, 잃어버린 기능을 회복하기 위해서는 반복적인 연습이 필수적이다. 운동 기능의 재학습을 위해 강도 높은 반복적 훈련을 수행하는데 꼭 있어야 하는 것은, 바로 학습자의 동기다. 치료사가 아무리 환자의 마비된 오른손으로 젓가락 사용하는 훈련을 시키려 해도 환자가 왼손으로 포크를 사용하는 것을 선호한다면, 젓가락 사용 훈련을 진행하기는 어렵다. 치료사가 판단하는 환자의 기능 수준이 컵을 집어들 수 있는 정도인데 환자는 숟가락을 사용하기 원한다면, 환자는 치료의 내용에 불만족하게 되고 치료의 진행은 어려워진다. 그러므로 치료에는 구체적인 목표를 잘 설정하는 것이 중요하다. 구체적인 목표 없이 막연하게 원상복구되어 모든 기능을 다 되찾기를 바란다면, 치료를 통해 얻을 수 있는 것도 놓치고 만다. 목표 설정을 잘 하기 위해서는 운동 능력과 기능의 상태에 대한 정확한 평가와 판단이 있어야 하겠고, 또 환자가 정말로 다시 회복하기 원하는, 환자에게 의미있고 중요한 과제를 목표로 정해야 한다. 환자의 동기가 있고 달성가능한 구체적인 목표가 있을 때 성공적인 결과를 얻을 수 있다.

30대의 젊은 청년 환자가 있었다. 그는 뇌간과 소뇌에 손상을 입어 균형과 운동조절 능력에 심각한 문제가 있었다. 그는 나에게 피아노를 다시 칠 수 있겠냐고 물었다. 직업적 피아니스트는 아니지만 피아노를 꽤 잘 치고 즐기는 것 같았다. 피아노를 치는 일은 매우 정교한 고도의 기술과 협응 능력을 요하는 작업이다. 그는 젊었고 동반된 만성 질환도 없었으며 인지 기능이나 재활에 대한 동기도 양호하였다. 신경 회복이 많이 일어나리라는 예상은 할 수 있는 케이스였다. 아마도 보행은 가능할 것이다. 그러나, 정상적인 뇌를 가지고도 학습하기 어려운 피아노 연주를 다시 할 수 있을까. 긍정적인 결과를 예상하고 환자에게 설명할 수 있으면 참 다행인 상황이다. 그러나 부정적인 결과가 예상될 때 그

것에 관해 말하는 것은, 언제나 쉽지 않은 일이다. 뇌 손상으로 인한 중증 장애가 발생하면 대체로 장기간의 치료를 요하기 때문에 급성기 병원에서의 치료가 마무리된 후 회복기 병원으로 이송되는 일이 흔하다. 그 청년도 장기간의 치료를 위해 다른 병원으로 이송되었다. 그리고나서 한참 시간이 지난 후에, 그 청년이 진료실을 다시 방문하였다. 그는 훨씬 나아진 모습이었고 혼자 걸을 수도 있었다. 피아노를 다시 치는지 내심 궁금했지만 묻기를 주저했는데, 다행히 그는 다시 조금씩 피아노를 치고 있다고 말해주었다. 이전처럼 잘 치지는 못하고, 이전에 치던 곡들을 다 칠 수는 없어도, 그는 피아노를 다시 치고 있었다. 만족스럽지 않을 수도 있을 것이다. 그래도 그가 피아노 연주를 계속 즐기기를 응원하는 마음이다.

임상 연구 사례 1[5]

5개월 반 전에 발생한 뇌출혈로, 좌측 편마비와 보행장애가 있는 60대의 여성.

　왼쪽 다리의 움직임은 협동작용(synergy)을 이용하여 다리 전체를 들 수는 있었으나 각 관절의 개별 움직임은 어려웠고, 심한 감각장애가 동반되어 있었으며, 보행은 한 사람이 전적으로 부축을 해야만 겨우 몇 발짝 이동할 수 있는 정도였다. 양쪽 무릎관절의 퇴행성 관절염으로 보행을 시도할 때 무릎 통증을 호소하였고, 과체중으로 치료사가 보행훈련을 시행하는 데 어려움이 있었다. 발병 후 장기간의 입원 치료에도 보행 기능을 회복할 수 없어 보행 로봇을 이용한 체중 탈부하 보행훈련을 시도하였다. 무릎 통증이 발생하지 않도록 50~60% 정도의 체중 탈부하 상태에서 보행훈련을 진행하였고, 정상적인 보행 패턴을 모방하는 전동식 로봇 팔의 도움으로 환자가 반복적인 보행 동작을 학습하게 하였다. 6주간 20회의 치료가 끝난 후 왼쪽 다리의 마비 정도는 큰 변화가 없었으나, 보행 능력은 왼쪽 발목에 보조기를 장착하고 오른손으로 편측보행기(hemiwalker)를 짚고 약간의 부축을 받아 50m 이상 실내 보행이 가능할 정도로 향상되었다.

임상 연구 사례 2[6]

4개월 전에 좌측 기저핵(basal ganglia)과 속섬유막(internal capsule) 부위에 발생한 뇌경색으로 오른손의 사용이 불편한 70대 오른손잡이 남성.

환자는 오른쪽 손목을 스스로 들어 올릴 수 있었고 엄지손가락과 2개 이상의 손가락을 손목 부위를 지지한 상태에서 1분 동안 3회 들어 올릴 수 있는 정도의 운동 능력이 있었다. 강제유도 운동치료(constraint-induced movement therapy, CIMT)를 적용할 수 있는 상태로 판단되어 2주간의 CIMT를 시행하였다. CIMT는 왼쪽 상지의 억제와 오른쪽 상지의 과제 지향적 치료로 구성되었으며, 2주 연속으로 환자는 깨어 있는 모든 시간 동안 왼쪽 손에 패딩 장갑을 착용하고 하루 최대 6시간 동안 주 5일 치료 세션에 참석하였다. 치료 기간 동안 환자는 작업 치료사의 지도하에 반복적인 과제 수행을 통해 일상생활 동작을 훈련하였다. 치료 후 환자의 오른손을 이용한 과제 수행 속도는 2배가량 빨라졌고, 일상생활에서 오른손의 사용량과 오른손 움직임의 질도 현저하게 향상되어, 치료 전에는 오른손으로 열쇠를 열쇠구멍에 넣고 돌리는 일을 할 수 없었으나 치료 후에는 거의 정상적으로 수행할 수 있게 되었다.

재활은 학습의 과정이다. 수술이나 약물 투여 등 병원에서 일어나는 다른 여러 치료법들과 달리, 재활은 환자의 능동성을 필요로 한다. 사실 환자의 능동성이 없이는 불가능한 것이 재활치료다. 의사, 간호사, 치료사의 역할도 중요하지만, 재활의 중심에는 환자와 가족이 있다. 환자 자신이 가족의 지지 속에서, 신체적 변화에 적응하면서 삶의 의미와 목표를 포기하지 않고, 과거의 모습에 집착하지 않으면서 미래의 성장을 희망하며 나아가는 것이 재활이다.

뇌의 변화는 시간과 노력, 그리고 정교함을 요구한다. 뇌의 기능과 생리를 이해하고 보면, 평생 교육이란 표현이 참 적절하다는 생각이 든다. 인간은 평생 학습하며 살아가는 존재다. 평생동안 무엇을 학습할지 목표와 방향을 정한 사람은 결국 그것을 얻을 수 있다.

[강제유도 운동치료]

환자는 2주 연속으로 깨어 있는 모든 시간 동안 왼쪽 손에 패딩 장갑을 착용하고 하루 최대 6시간 동안 주 5일 치료 세션에 참석한다. 치료 기간 동안 환자는 작업 치료사의 지도하에 반복적인 과제 수행을 통해 일상생활 동작을 훈련한다.

뇌의 재조직화를 초래하기 위한 운동 학습의 원리[7]

1. 사용하지 않으면 소멸한다(Use it or lose it). 사용하지 않는 뇌의 신경회로들은 시간이 가면 퇴화한다.

2. 사용하면 향상된다(Use it and improve it). 특정한 과제를 수행하는 훈련을 통해 해당하는 뇌의 신경회로들의 퇴화를 막을 수 있고 수행 능력을 향상시킬 수 있다.

3. 특이성(Specificity)의 원리: 연습한 동작이 학습된다. 숙달시키고자 하는 바로 그 동작을 훈련해야 한다. 새로운 동작이 학습(또는 재학습)될 때 뇌의 변화가 촉진된다.

4. 반복(Repetition)의 원리: 충분한 반복적 연습만이 뇌의 변화를 유도할 수 있다.

5. 강도(Intensity)의 원리: 충분한 훈련 강도만이 뇌의 변화를 유도할 수 있다. 훈련 강도는 수행 수준에 따라 점진적으로 조정되어야 한다.

6. 학습의 시기: 손상 이후 시간의 경과 정도는 뇌의 변화에 영향을 미친다. 손상 이후 시간의 경과 정도에 따라 뇌 가소성의 기전이 달라지고, 동일한 재활치료에도 효과가 다를 수 있다.

7. 중요성(Salience)의 원리: 학습하고자 하는 과제는 충분히 중요성이 있어야 한다. 특정 과제의 수행을 학습하여 뇌의 변화에까지 이르려면 해당 과제를 학습해야겠다는 욕망과 동기가 있어야 한다.

8. 나이: 뇌의 나이가 젊을수록 뇌의 변화가 쉽다. 나이가 들수록 학습이 어렵거나 더딜 수 있다.

9. 전이(Transference)의 원리: 학습으로 얻은 뇌의 변화는 유사한 다른 동작의 학습에 도움을 준다. 한가지 동작을 학습하면 그 동작과 유사한 다른 동작을 학습하기는 더 쉬워진다.

10. 간섭(Interference)의 원리: 학습으로 얻은 뇌의 변화는 다른 동작을 학습하는데 간섭할 수 있다. 한가지 동작을 학습하고 나면, 유사한 뇌 신경회로를 사용하면서 이미 학습된 동작과는 다른 새로운 동작을 학습하는 것은 더 어려울 수 있다.

견제와
균형

5

PART

좌로나 우로나 치우치지 말고
네 발을 악에서 떠나게 하라

—구약성경 잠언 4장 27절 (개역개정)

줄탁동시 (啐啄同時)

—벽암록 (碧巖錄)

신경세포에서 정보가 전달되는 원리는 전기다. 전기는 양전하와 음전하의 흐름에 따라 발생한다. 신경세포막에서 양전하와 음전하의 이동으로 탈분극이 일어나면 축삭을 따라 정보가 전달되고, 신경 말단에서도 탈분극으로 신경전달물질이 유리된다. 시냅스에서 유리된 신경전달물질의 종류에 따라 정보를 전달받는 신경세포를 흥분시키기도 하고 억제하기도 한다. 흥분성 신경전달물질로 대표적인 것은 글루타메이트(glutamate)이고 억제성 신경전달물질로 대표적인 것은 감마아미노부틸산(GABA)이다.

그러면 뇌의 가소성을 촉진하기 위해 전기적 자극을 사용할 수는 없을까?

자기자극의 역사

자기장이 인체의 뇌에 미치는 영향에 대한 최초의 언급은 1896년 다르송발(d'Arsonval)이 피험자의 머리를 자기 코일 내에 두었을 때 눈에서 섬광이 발생하는 것을 보고한 것이다. 자기장을 이용해 인체에 사용할 자극기를 개발한 것은 1984년 앤서니 바커(Anthony Barker) 등에 의해서였다. 자기자극의 원리는 패러데이 전자기 유도법칙에 의한 것이다. 즉 전류를 코일에 흘려보내면 전류의 흐름과 수직으로 자기장이 형성되는데, 이 자기장 내에 또 다른 전도체가 있으면 코일에 흐르는 전류와 평행하게 반대 방향으로 전류가 유도되는 것을 말한다. 코일을 두개골 위에 위치시키고 전류를 흐르게 하면 자기장이 형성되어 두개골 밑에 있는 대뇌피질의 뉴런이 탈분극되어 세포가 활성화된다.

운동피질의 뉴런이 활성화되면 축삭을 따라 정보가 전달되고, 척수의 전각세포에서 시냅스 후 말초신경을 따라가서 마침내 근육에 도달하여 근육세포를 수축시킨다. 이때 근육에 부착된 전극(electrode)에서 근육의 수축을 감지하여 운동 유발 전위(motor evoked potential, MEP)가 나타난다. 대뇌 운동피질에서 운동 유발 전위(MEP)를 유발하는 지점을 모두 찾아내어 해당 근육의 피질 지도를 그릴 수도 있다.

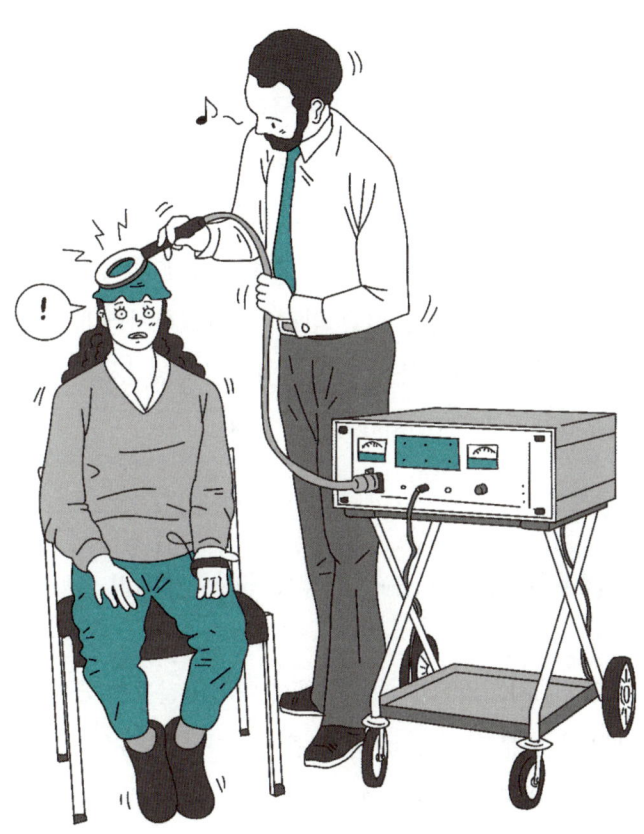

[경두개자기자극]

대뇌의 전기자극을 임상적으로 이용한 것은 우울증의 치료에
서 시작되었다. 자기장을 이용해 반복적으로 대뇌를 자극하
는 방법은 안정적이고, 환자에게도 편리한 방법이다.

대뇌의 전기자극을 임상적으로 이용한 것은 우울증의 치료에서 시작되었다. 전기충격요법(electroconvulsive therapy, ECT)은 대뇌를 전기적으로 자극해 간질을 유발하는 방법으로, 발작 증세를 보이는 정신질환자에게 즉각적인 효과가 있지만, 환자에게 고통을 주고, 보는 사람에게도 잔인해 보이는 단점이 있다. 반면 자기장을 이용해 반복적으로 대뇌를 자극하는 방법은 훨씬 안정적이고, 환자에게도 편리한 방법이다. 이를 반복적 경두개자기자극(repetitive transcranial magnetic stimulation, rTMS)이라고 한다.

신경조절(Neuromodulation): 좌우의 균형 맞추기

경두개자기자극(rTMS)을 통해 대뇌피질을 자극하면 신경세포의 흥분도(excitability)가 증가한다. 흥분도가 증가된 상태에서 재활치료를 시행하면 학습을 촉진하고 대뇌피질의 재조직화를 촉진할 수 있으리라는 것이 rTMS 치료의 원리다. 그런데 rTMS는 반복 자극의 빈도(frequency)에 따라 피질 신경세포를 촉진(facilitation)하기도 하고 억제(inhibition)하기도 한다. 일반적으로 1Hz 이하의 저빈도 자극은 신경세포의 흥분성을 억제하고 5~10Hz 또는 그 이상의 고빈도 자극은

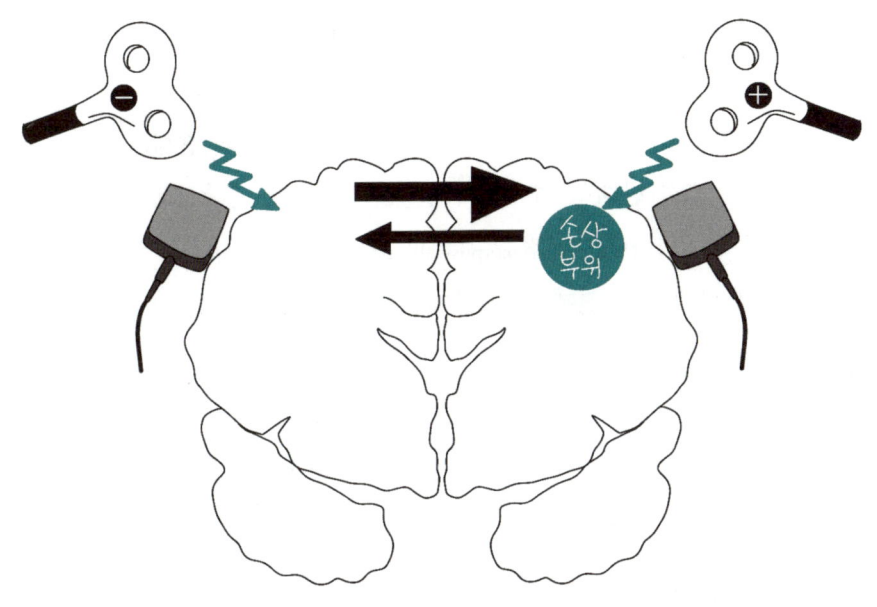

[비침습적 뇌 자극법을 이용한 대뇌 피질의 촉진 및 억제]

대뇌 피질을 자극하면 신경세포의 흥분도가 증가한다. 흥분도가
증가된 상태에서 재활치료를 시행하면 학습을 촉진하고 대뇌 피
질의 재조직화를 촉진할 수 있으리라는 것이 이 치료의 원리다.

신경세포의 홍분성을 촉진하는 것으로 알려져 있다.

우울증 이외에 rTMS를 이용한 치료가 많이 연구된 분야가 뇌졸중이다. 뇌졸중은 뇌혈관의 하나가 막히거나 터짐으로 혈액 공급이 안 되어 뇌에 손상을 입게 되는 질병이므로 흔히 뇌의 편측에 병변이 발생하며, 대뇌반구의 손상을 입으면 흔히 반대쪽 편마비가 발생한다. 원래 정상상태에서 양쪽 대뇌반구는 뇌량(corpus callosum)을 통해 반대편을 억제함으로써 상호 견제하는 기능을 하는데, 뇌졸중으로 한쪽 대뇌반구의 기능이 떨어지면 이 균형이 깨어진다.

뇌졸중 이후 운동기능의 회복에 따른 대뇌피질의 재배열에 관한 연구들에 의하면, 마비측의 움직임을 시도할 때 정상적으로 가장 많이 활성화되어야 할 마비 반대쪽, 즉 병변측 운동피질의 활동은 손상으로 인해 떨어지는 반면 병변측 운동피질 주변과 병변 반대측 운동피질이 활성화되는 양상이 관찰된다. 운동기능의 회복이 점점 진행되어가면 병변주변의 피질은 더욱 활성화되고 병변 반대측 운동피질의 활성화는 감소하는 경향을 보이게 된다.

근적외선분광기(near infrared spectroscopy)는 대뇌피질의 혈류 공급을 실시간으로 모니터링 할 수 있는 기기이다. 일반적으로 어떤 운동 과제를 학습하기 전에는 그 과제를 수행하는 동안 운동피질은 많은 양의 혈류가 필요하고, 학습된 후 과제 수행이 쉬워진 후에는 운동피질이 필요로 하는 혈류량이 줄어든다. 이를 이용하여 마비측 손으로 과제를 수행하는 동안 양쪽 대뇌 운동피질의 혈류량을 측정해보면, 과제 수행이 쉽지 않은 초기에는 양쪽 운동피질의 혈류량이 증가하지만, 과제 수행이 익숙해질수록 양쪽 모두 혈류량이 줄면서 병변 반대측 운동피질의 혈류량은 큰 폭으로 줄어들어 병변측 운동피질이 기능을 회복해가는 것을 확인할 수 있다.

결과적으로 운동기능의 회복이 잘 된 환자들에서는 이렇게 병변측 운동피질의 기능이 회복되고 병변 반대측 운동피질의 비정상적 활성화는 줄어드는 반면, 운동기능의 회복이 잘 되지않은 환자들에서는 병변 반대측 운동피질의 활성화가 지속되는 양상을 보인다. 즉, 원래 양쪽 대뇌반구는 서로 억제 신호를 보내며 균형을 맞추고 있었지만, 한쪽이 손상을 받게되면 이 균형이 깨어져서 손상을 받지 않은 병변 반대측 대뇌피질에서 손상 받은 병변측 대뇌피질로 향하는 억제 신호가 불균형적으로 강화된다는 것이다. 이런 해석을 바탕으로 병변 반대측 대뇌피질의 활성화는 병변측 대뇌피질의 회복을 저해할 것이라는 가설이 세워졌다.

따라서 뇌졸중 후 편마비 환자들의 운동 기능 회복을 위해 rTMS를 적용할 때는 고빈도 자극으로 환측 뇌를 촉진하거나 저빈도 자극으로 건측 뇌를 억제하는 방식을 사용한다. rTMS는 그 자체로 운동 기능을 회복하는 치료적 효과가 있다기보다는 운동 치료를 통해 뇌 가소성에 따른 재배열의 변화가 일어나도록 대뇌 운동피질의 흥분성을 조절하는 역할을 한다.

뇌졸중 재활에서 경두개자기자극(rTMS)의 적용은 이 외에도 실어증, 시각 무시, 인지장애, 중추성 통증 등의 회복을 위해 사용될 수도 있다.

rTMS에 관한 임상 연구는 국내 연구진에 의해 활발히 이루어졌다. 성균관대학교 의과대학 삼성서울병원 재활의학과 김연희 교수팀은 뇌졸중으로 인한 편마비 환자들의 상지 운동 기능 회복을 위해 rTMS를 적용했다.[1] 처음 발생한 뇌졸중의 후유증으로 편마비 상태가 된 후 3개월 이상 지난 환자 중 손가락을 움직일 정도의 회복이 있는 환자 15명이 연구에 참여했다. 경두개자기자극(rTMS)은 환측 대뇌의 손을 담당하는 운동피질 부위에 10Hz의 고빈도 자극이 한 번에 20회씩(2초간) 58초의 간격을 두고 총 8번, 총 160회의 자극이 주어졌다. 피험자들은 자극과 자극 사이 58초 동안 모니터에 무작위로 나타나는 1부터 4까지의 숫자를 보고 각각의 숫자 버튼을 네 손가락으로 누르는 훈련을 40초간 수행했다. rTMS의 효과를 규명하기 위해 가짜 자극(sham rTMS)을 주는 동일한 실험도 병행했다. 이 짧은 실험 시간 동안 손가락으로 숫자 버튼을 누르는 정확도와 반응시간이 점차 향상되었는데, 이는 가짜 자극을 준 실험과 유의미한 차이를 보였다. 또한 실험 전후 시행한 운동 유발 전위의 진폭도 점차 증가하는 소견을 보였다. 이는 경두개자기자극(rTMS)이 운동 기능 향상을 위한 재활치료의 효과를 증대시키면서 신경 가소성도 촉진한다는 것을 보여준다.

한편, 분당서울대학교병원 재활의학과 백남종 교수팀은 뇌졸중에 의한 우측 두정엽 손상으로 좌측의 사물을 인식하지 못하는 시각 무시(visual neglect) 환자들을 대상으로 좌측 두정엽에 저빈도 경두개자기자극(rTMS)을 적용했다.[2] 시각 무시란 좌우 반쪽의 사물을 인식하지 못하는 현상인데, 보통 우측 두정엽 손상이 있는 경우 좌측 시각 무시가 나타난다. 좌측 시각 무시가 있으면 왼쪽에 있는 물건을 인식하지 못하고 식사할 때도 왼쪽에 놓인 음식은 먹지 않으며, 그림을 따라 그리게 해도 오른쪽 반만을 그리는 이상 증세를 보인다. 이러한 현상은 기능이 떨어진 우측 뇌에 비해 활성도가 증가한 좌측 뇌에서 우측 뇌를 더욱 억제하게 나타내는 것이라는 가설하에, 연구자들은 뇌졸중 후 시각 무시 증상을 보이는 7명의 참여자에게 경두개자기자극(rTMS)을 적용했다. 좌측 뇌의 두정엽 부위에 1Hz의 저빈도로 15분간(900

회) 총 10일 동안 시행하였고, 시각 무시의 개선을 위한 재활 치료가 병행되었으며, 실험의 결과 대조군에 비해 시각 무시 증상이 유의미하게 개선된 것을 관찰했다.

이와 같은 연구들은 양쪽 뇌의 균형이 운동기능과 인지기능에 영향을 주고 있으며, 자기자극을 통한 신경 조절이 치료적 방편으로 활용될 수 있음을 지지해 준다.

경두개자기자극(rTMS)의 치료적 효과는 사례마다 일관적이지 않아서 뇌 손상 부위와 신경세포 간 네트워크의 손상 여부를 파악해 자극 부위와 방식을 환자 개별 사례별 맞춤형으로 제공해 치료 효과를 극대화해 보려는 방법도 모색되고 있다.[3] 뇌가 하나의 네트워크로서 작동하는 방식을 더 이해하고 네트워크의 기능을 향상시킬 방안을 찾는다면 보다 효과적인 치료를 제공할 수 있을 것이다.

비침습성 뇌 자극법 noninvasive brain stimulation, NIBS

수술적 방법을 사용하지 않고 뇌를 자극하는 방법을 비침습성 뇌 자극법이라고 통칭하는데, 앞서 소개한 경두개자기자극(rTMS)이 대표적인 방법이고, 그 외에도 직류 전기를 이용하는 경두개직류자극법(transcranial direct current stimulation, tDCS)이 있다. tDCS는 넓은 전기 패드를 해당 뇌 부위에 부착해 전류를 흘려보내는 방식이어서 rTMS보다 적용이 쉬운 장점이 있다. 국내에서는 의료용으로는 아직 사용이 제한되고 있으나, 기술적 용이성 때문에 해외에는 일반인이 사용할 만한 제품이 나와 있다. 한편 직류 전기가 아닌 교류 전기를 이용하는 자극법(transcranial alternate current stimulation, tACS)에 대해서도 연구가 진행 중이다.

경두개직류자극법(tDCS)도 경두개자기자극(rTMS)과 마찬가지로 병변측 대뇌피질은 촉진하고 병변 반대측 대뇌피질은 억제하는 방식의 치료를 적용한다. 이런 원리들에 근거한 임상 연구들이 긍정적인 결과들을 보고한 것을 보면 양쪽 대뇌가 상호 견제하는 기능을 하다가 한쪽 대뇌피질이 손상되면 반대쪽 대뇌피질의 억제 신호가 불균형적으로 강화된다는 가설이 설득력이 있기는 하다. 그러나 회복이 좋지 않은 사례들에서 병변 반대측 대뇌피질의 활성화가 증가되는 소견이 반드시 병변측으로의 억제 신호가 증가되어 회복을 저해하는 역할만 하는 것이라고 단정할 수는 없다. 오히려 병변측 피질의 손상이 심하여 회복이 어려울 때 반대측 피질이 감춰져 있던 동측(ipsilateral) 경로를 활성화하여 병변측 피질이 못하는 기능을 대신 하도록 지원하는 것일 수도 있다. 평상시에는 서로 견제하는 기능을 하다가 한쪽

이 심각한 손상을 입었을 때는 그 기능을 반대쪽이 대신 감당해 주는 것이다. 이런 생각을 바탕으로 근래에는 병변측 운동피질의 회복이 미미한 환자들에게 병변 반대측 운동피질을 활성화하여 마비측 운동기능을 훈련하려는 치료법도 개발되고 있다.[4]

침술 acupuncture

동양문화권에서는 예로부터 중풍 환자들에게 침술을 시행해 왔다. 침술의 기본 원리는 음양오행설에 따라 음양의 균형과 조화를 이루도록 약한 기운은 보(補)하고 강한 기운은 사(瀉)하는 목적으로 기의 흐름을 조절하기 위해 침점을 자극하는 것이다. 동양의학은 춘추전국시대에 발간된 것으로 알려진 황제내경에 이론적 기초를 두고 있는데, 음양오행설은 당대에 세상 만물의 이치를 설명하는 도가(道家)의 이론이자 세계관이었다.

침술은 뇌졸중 환자를 회복시키는 데 효과가 있을까? 우리 몸의 피부에 존재하는 침점은 다른 피부 부위에 비해 전기적 전도성이 높고 저항이 낮은 것으로 알려져 있다. 따라서 침점을 통해 신경계에 효과적인 자극을 전달할 수 있으리라는 것은 짐작할 수 있다. 당연하게 침술을 시행한 상태에서 뇌의 기능적 영상을 취득해 보면 관련 부위가 활성화되는 것이 관찰된다. 또한 침 자극은 우리 몸의 진통 물질인 엔도르핀(endorphin), 엔케팔린(enkephalin)의 유리를 촉진하는 것으로 알려져, 침술의 진통 효과는 현대의학에서도 인정되고 있다. 뇌졸중 후의 운동기능 회복에 대해서는 홍콩의 한 병원에서 무작위 대조군 실험을 한 적이 있는데, 오늘날 현대의학의 표준에 맞는 재활치료를 받는 환자들을 두 군으로 나누어 실험군에는 침술을 대조군에는 가짜 침술 치료(sham treatment)를 시행했을 때 두 군 간의 유의한 차이는 없는 것으로 나타났다.[5] 침술에 의한 자극은 대뇌 감각피질에 도달해 신경계에 대한 강한 자극 효과가 있는 것은 사실이지만, 재활 운동은 대뇌 운동피질의 활성화에 직접적으로 작용하므로 적극적인 재활치료를 받는 환자들에게 추가적인 이득을 주지는 않았던 것으로 해석된다.

현대의학과는 완전히 다른 배경을 가지고 있긴 하지만, 동양의학의 이론적 기초가 되는 음양오행설도 음과 양의 조화를 강조한다. 모든 이론이 그렇지만, 이론은 현상을 정확히 설명하는 범위 내에서만 유용하다. 음양오행설이 오랫동안 동양 철학의 기초로서 유지되어 온 것은 이를 바탕으로 사물의 이치를 이해하고 설명할 때 맞아들어가는 부분이 많았기 때문일 것이다. 그러나 근대 과학의 발흥 이후에는 음양오행설 말고도 자연의 이치를 더 잘 설명할 수 있는 과학적 이론들이 많이 생겼는데 굳이 과거의 이론을 모든 현상의 설명에 다 적용시킬 필요는 없을 것이다.

과학이란 새로운 과학적 발견이 더함에 따라 끊임없이 옛 이론을 폐기하고 새 이론을 받아들이는 과정이다. 따라서 과학을 인정한다면 인체의 질병을 치료하는데 음양오행설에 따른 치료법을 계속 주장할 필요는 없다. 다만 음양오행설에 담겨있는 조화의 원리는 여전히 시사해주는 바가 있다. 양쪽 대뇌의 기능은 서로 조화를 이루어야 한다. 이뿐 아니라 우리 몸 전체, 그리고 우주 만물이 조화를 이루어야 한다는 것은 과거에나 현재에나 변하지 않는 세상의 원리이다.

기원전 10세기경 고대 이스라엘 왕국의 전성기를 이끌었던 솔로몬왕은, 당대에 뛰어난 지혜와 공정한 판결로 주변국에까지 명성을 떨쳤을 뿐 아니라 기원후 21세기인 오늘날에도 지혜를 찾는 사람들에게 그의 잠언이 널리 읽히는, 매우 지혜로운 왕이었다. 그는 잠언에서 좌로나 우로나 치우치지 말 것을 교훈했다. 그러나 안타깝게도 그의 교훈은 바로 그다음 세대까지도 연결되지 못하였다. 그의 아들 르호보암왕은 견제를 거부함으로 균형을 잃었고, 이는 왕국의 분열로 귀결되었다. 지금 우리는 그 이후의 역사를 잘 알고 있지만, 분열되었던 왕국은 결코 다시 통일되지 못했고, 결국 각각 강대국 앗시리아와 바빌로니아에 의해 멸망했다. 왕국의 멸망을 예견했던 선견자들은 미래에는 다시 회복될 희망을 전하면서, 장차 회복된 나라에서는 문서로 만들어진 법이 아니라 마음에 새겨진 법에 따른 다스림이 있을 것임을 내다보았다.[6] 기원후 1세기, 교회가 형성되고 기독교가 시작되던 시기에 교회 지도자들의 가르침을 기록한 서신들이 오늘날까지 신약성경으로 전해지는데, 거기에는 공동체적 사회를 이루기 위한 원리들이 많이 기술되어 있다. 그들은 무장된 권력이 아닌 사랑과 섬김으로 다스려지는 사회를 꿈꾸었다. 그런 사회를 위해서는 사랑으로 뜻을 모으고 겸손으로 남을 존중하는 자세가 요구되었다.[7]

역사는 제국들의 무덤이라는 말이 있다. 그 후 2천년이 지난 오늘날 역사를 뒤돌아보면, 무력에 기반하여 한 사람에 집중된, 견제받지 않는 절대 권력으로 통치했던 모든 나라들은 역사의 뒤안길로 사라졌고, 인류는 상호 존중과 합의를 기반으로 하는 견제와 균형의 정치제도가 보편화될 만큼 진보를 이루었다. 균형잡힌 사회에서 시민들이 기대하는 것은, 구성원들의 동의와 공감을 얻지 못한 법조문이 아니라 합의되고 공유된 법 정신에 의한 질서다.

이상적인 공동체적 사회라면 서로 견제하면서 필요할 때

는 서로 지원하지만, 서로 대적하지는 않는다. 누구도 한 사람으로 완전하지는 않다. 누구도 스스로 모든 진리를 아는 사람은 없다. 진리는 탐구하고 배워가야 하는 것이지 내 안에서 스스로 나오는 것이 아니다. 진리를 추구하는 사람이라면, 그 안에 독선과 배타성이 설 자리는 없다.

우리 몸의 신경계는 서로 소통하고 연합하여 온전하게 기능할 뿐 아니라 서로 견제함으로 균형과 조화를 이룬다. 이런 기능이 깨어졌을 때 외부적인 자극을 통해 원래 기능을 회복해 가도록 도울 수 있다. 신경계를 통해 한 개체로서의 사람을 이해하는 것은, 사람들이 모인 사회를 이해하는 데에도 시사하는 바가 크다. 사회의 구성원들이 서로 소통하여 연합하며 또한 서로 견제하여 균형과 조화를 이룰 때, 사회의 기능도 온전해질 것이다. 또 어떤 사회가 연합과 조화를 이루지 못하고 온전한 기능을 하지 못한다면, 외부에서 지원과 자극을 제공하는 것도 그 사회가 회복되는 데 도움이 될 것이다.

상상은
현실이 된다

Imagination Becomes Reality

6

PART

비록 오늘과 내일 시련을 겪을지라도, 나에게는 꿈이 있습니다.

—마틴 루터 킹

"Use the Force, Luke." (포스를 사용해. 루크.)

—영화 〈스타워즈〉 중에서 오비완 케노비가 루크 스카이워커에게

대뇌 운동피질의 흥분도(excitability)를 증가시키기 위해서 외부에서 전기적 자극을 주는 방법 이외에 뇌 내부로부터 자극이 발생하게 하는 방법도 있다. 그것은 바로 운동의 상상이다. 상상을 통해 운동 기술을 훈련하는 심상 리허설(mental rehearsal)은 스포츠계에서는 잘 알려진 훈련 방법이다. 골프 선수 타이거 우즈는 시합을 앞두고 머릿속에서 자신이 쳐야 할 샷을 반복해서 그려보곤 했다고 한다. 앞에 놓인 골프공을 상상하고, 적당히 벌려서 단단히 고정한 두 다리를 상상하고, 클럽을 단단히 움켜쥔 두 손과 강하면서도 유연하게 뻗은 팔을 상상하고, 공을 안착시켜야 할 목표 지점을 향하는 시선을 상상하고, 정교하고 부드럽게 천천히 팔을 뒤로 빼는 테이크백 동작을 상상하고, 정확하면서도

강하게 임팩트를 가하기 위한 다운스윙을 상상하고, 공이 목표 지점에 도달하는 순간의 환호를 상상했을 것이다. 그리고 필드에 섰을 때, 무한히 반복적으로 상상했던 그 동작을 실제로 해 낸 순간, 마음에 강한 확신과 함께 미소를 지었을 것이다. 그의 상상은 그렇게 현실이 되었다.

마음과 뇌의 관계

비물질적인 인간의 마음과 물질적 실체로서 뇌의 관계는 오랫동안 논쟁이 되어 왔다. 데카르트는 정신과 물질은 분리된 것으로 보았고, 정신이 물질인 뇌와 상호작용을 하는 것은 송과선(pineal gland: 솔방울샘이라고도 한다. 뇌의 중심부, 즉 뇌실의 윗부분에 위치한 원뿔 모양의 작은 내분비 기관이다.)을 통해서라고 생각했다. 데카르트의 이원론에 반해 홉스, 라메트리, 마르크스 등의 사상가들로 대변되는 관점으로, 마음은 본질적으로 물질이며, 마음이 물질적이지 않다는 생각은 환영일 뿐이라는 유물론(materialism)적 입장도 대두되었다. 반면, 라이프니츠, 흄, 칸트 등의 철학자들에 의해 물질은 마음의 객관적이고 실체적인 형태일 뿐이라는 주장도 제기되었다. 마음과 뇌의 관계에 관한 이러한 주장을 몇 가지로 분류

해 소개하면 다음과 같다.[1]

1. **기능주의**(Functionalism) | 가장 유물론적인 입장으로, 마음은 뇌의 물리적 활동의 단순한 부산물일 뿐이며 그 외의 실체는 존재하지 않는다고 부정한다.

2. **부수현상설**(Epiphenomenalism) | 마음은 실재적 현상이긴 하지만 뇌의 물리적 현상의 부산물에 지나지 않으며, 마음이 신체적 현상에는 영향을 미치지 않는다.

3. **우발적 유물론**(Emergent materialism) | 마음이 뇌에서 발생하기는 하지만 뇌의 활동 과정으로부터 예측할 수 있는 것도 아니고 뇌의 작용으로 환원할 수 있는 것도 아니다.

4. **불가지론적 물리주의**(Agnostic physicalism) | 마음은 전적으로 뇌라는 물질로부터 파생되지만, 이 지식이 전부가 아닐 수 있으며 비물질적 세계의 존재에 대해 부정할 수는 없다.

5. **과정 철학**(Process philosophy) | 마음과 뇌는 하나의 실체에서 비롯된 표현이며, 실체는 끊임없이 변화하는 과정이다.

6. **이원론적 상호작용설**(Dualistic interactionism) | 마음

의 현상은 뇌에 의존하지만, 물질적 뇌와 독립적으로 발생할 수 있으며, 마음은 뇌의 상태를 형성할 수 있고 뇌의 물질로 환원될 수는 없다.

마음과 뇌의 관계에 관한 이런 입장들 중 어느 것이 더 타당한지 논증하려는 것은 아니다. 각각의 입장들은 나타난 현상들을 나름대로 해석한 것이다. 다만 여러 가지 다른 관점이 존재한다는 것을 아는 것은 중요하다. 나의 해석만이 옳다는 독단을 피할 수 있고, 나도 모르게 내가 쓰고 있는 안경, 즉 세상을 보는 나의 관점을 지배하는 세계관이 무엇인지 인사이트를 얻을 수도 있기 때문이다.

성경에는 인간이 '살아있는 영(living soul)'이라고 묘사되어 있는데, 이는 '흙'이라는 땅에 속한 질료로 지어졌다는 면에서는 다른 동물들과도 동일한 육체를 가진 존재이지만 동시에 신의 숨결이 불어넣어진 '영'을 소유한 독특한 존재라는 의미일 것이다. 또한 마음이 곧 생명의 근원이라고 한다.[2] 인간이 육체와 마음을 분리할 수 없는 존재라는 것은 철학적으로 어떤 설명을 붙이든 부정하기 어려운 사실이다.

정신-신체 의학 Mind-Body Medicine

   마음과 뇌의 연계성을 이용해 마음의 작용을 통해 신체적 질환을 치료하는 분야가 정신-신체 의학이다. 주로 이용하는 방법은 명상, 이완 요법, 최면, 생체되먹임(우리 몸 내부에서 일어나는 생리 현상들을 컴퓨터를 통해 시각적으로나 청각적으로 알 수 있게 해주고 스스로 훈련을 통해 생리현상을 조사할 수 있도록 도와주는 치료 방법), 인지행동 요법 등이며, 관절염, 요통, 두통 등 통증 관련 질환, 고혈압 및 심혈관계 질환, 암, 요실금, 수면장애 등에 사용되어 왔다.[3] 현대의학은 과학적 방법론을 통해 지식을 생성하는데, 과학적 방법은 관찰할 수 있고 측정할 수 있는 영역이 아니면 놓치는 경향이 있다. 그러다 보니 유물론적 세계관을 가진 의학자의 눈에는 잘 보이지 않고 경시하게 되는 것이 정신-신체 의학 분야이다. 하지만 정신-신체 의학과 관련된 의학적 증거는 늘어나고 있으며 그 이용 빈도나 적용 질환도 확대되고 있다.[4] 재활의학의 영역에서도 이런 방법이 많이 활용되고 있는데, 정신-신체 의학적 치료 방법은 부작용의 위험이 없고 비용 효율적이어서 보조적인 치료법으로 유용하다.[5] 그중 신경재활의 영역에서 뇌졸중 환자들을 대상으로 사용되는 대표적인 치료법이 심상 훈련(mental practice)이다.

바깥쪽

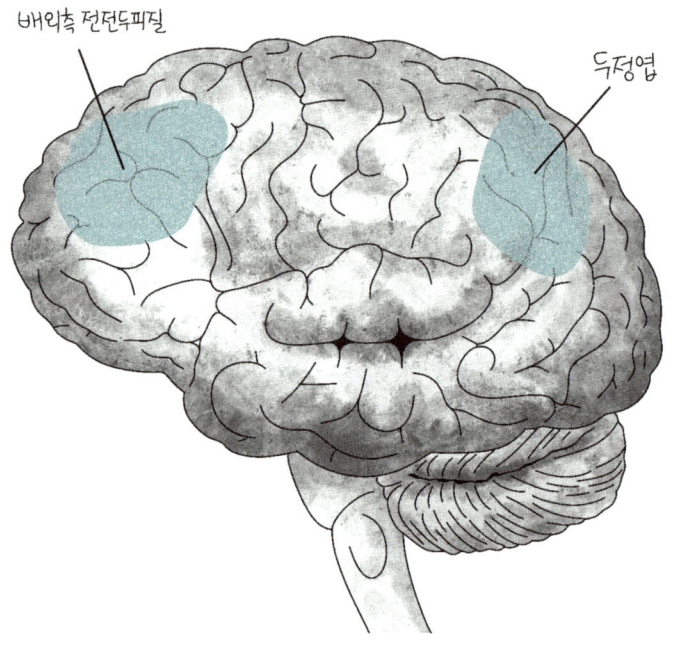

배외측 전전두피질

두정엽

[주의집중과 관련된 뇌 구조물]

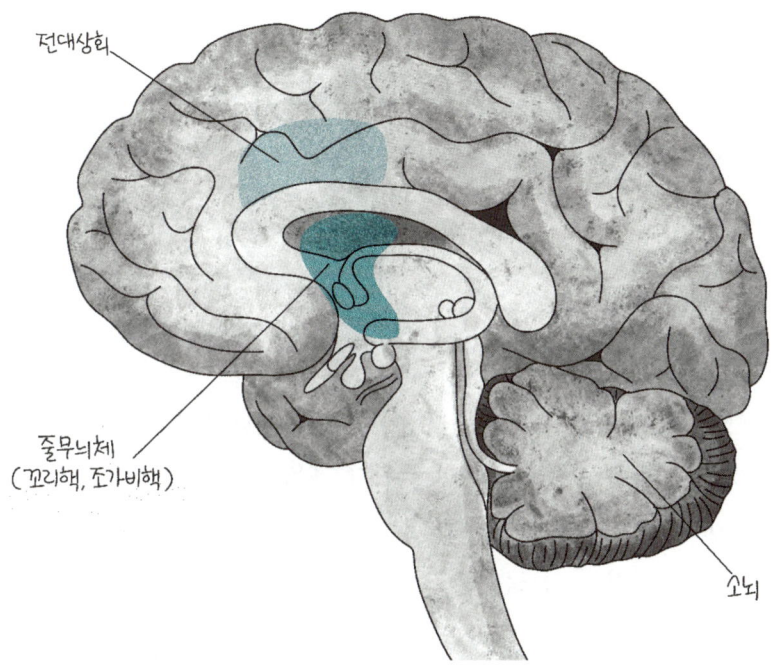

안쪽

전대상회

줄무늬체
(꼬리핵, 조가비핵)

소뇌

작업 기억이나 실행 계획에는 전두엽의 배외측 전전두피질
이 주요 역할을 하며, 신체와 환경의 인식에는 두정엽이, 동
기부여에는 전대상회, 습관 형성과 운동 조정에는 소뇌와
기저핵 부위가 중요한 역할을 한다.

운동 준비 전위 Readiness potential

우리 몸의 근육이 움직이기 위해서는 대뇌의 운동피질로
부터 시작된 명령이 뇌척수로를 타고 내려와 척수의 전각
세포에서 시냅스를 이루고, 전각세포로부터 말초신경을 따
라내려간 신호가 신경-근 접합 부위에서 근육으로 전해져
야 해당 근육이 수축한다. 그런데 대뇌 운동피질이 활성화
되기 전에 바로 앞쪽에 있는 전운동 영역에서 움직임의 의
도가 먼저 발생해야 한다. 준비 전위(readiness potential)란 수
의적 운동이 일어나기 0.4~4초 전에 발생하는 뇌파를 발견
한 연구자들에 의해 명명된 용어다. 이에 관해 잘 알려진 리
벳의 실험에서는 운동 준비 전위가 근육 수축에 앞서 평균
550msec(밀리 세컨드: 0.001초) 전에 발생하는 것이 관찰되었
고, 움직이려는 의도는 근육 수축의 100~200msec 전에 인
식되는 것으로 보고되었다. 따라서 움직이려는 의도 인식
의 약 350msec 전에 준비 전위가 발생한다고 볼 수 있다.
다른 연구에서도 움직일 의도를 가지고 상상할 때 전전두
엽 피질에서 혈류가 증가하는 것이 확인되었다.[6] 또한 전전
두엽 피질은 감각적인 경험도 의도적으로 제어할 수 있다
는 증거들도 제시되었는데, 청각적 상상을 하게 했을 때 양
측 전두엽의 부운동피질(supplementary motor cortex)과 전대상

회 이랑(anterior cingulate gyrus), 전운동피질(premotor cortex), 배외측(등쪽가쪽) 전전두엽 피질 및 후상부 측두엽 이랑에 혈류량의 증가가 관찰되었고, 뇌졸중으로 인한 청각피질 손상으로 청각 기능 장애가 있는 환자가 청각 자극에 주의 집중하게 했을 때 보존된 측두엽 피질과 소뇌, 후 대상회(띠이랑, posterior cingulate gyrus), 꼬리핵머리, 조가비핵(putamen) 및 시상(thalamus)과 함께 양측 전두엽에서 혈류량이 증가하는 것이 관찰되었다.[7]

전두엽피질을 활성화하려면 주의를 기울여야 한다. 주의를 기울인다는 것은 '마음을 다하여'(mindfulness) 주의를 집중한다는 의미이다. 이는 명상이나 기도를 통해 나의 의식과 사고의 흐름과 몸에서부터 오는 모든 감각적 정보에 주의를 기울이고 집중하는 것이다. 주의 집중 시 활성화되는 부위는 전두엽만은 아니다. 작업 기억(workingmemory: 장기기억과 달리 일상적인 활동을 수행할 때 필요한 단기 기억을 의미)이나 실행 계획에는 전두엽의 배외측 전전두피질(dorsolateralprefrontal cortex)이 주요 역할을 하며, 신체와 환경의 인식에는 두정엽이, 동기부여에는 전대상회[anterior cingulate: 주의, 반응 억제, 정서 반응(특히 통증에 관한)에 관여하는 전두엽 한가운데에 있는 뇌 구조], 습관 형성과 운동 조정에는 소뇌와 기저핵 부위가 중요한 역할을 한다. 이 때 무엇에 주의를 기울이고 집중하는가에 따라 해당 기능을 담당하는 뇌 부위가 함께 활성화된다. 선택적 주의를 기울일 때 전전두피질이 활성화되는 것과 함께 해당 자극을 감당하는 부위가 활성화되는데, 특정 색상에 선택적으로 주의 집중하면 색상을 처리하는 뇌 부위가 활성화되고, 진동 자극에 선택적으로 주의하도록 하면 체성감각피질이 활성화된다. 어떤 작업을 수행할 때도 의도적으로 수행에 집중하면 전전두피질이활성화된다.[8]

거울 뉴런 Mirror neuron

원숭이 뇌의 전운동피질의 일부에 해당하는 특정 영역이 원숭이가 특정 행동을 수행할 때뿐 아니라 동일한 행동을 다른 원숭이나 사람이 수행하는 것을 관찰할 때도 활성화되는 것이 관찰되었는데, 이를 '거울 뉴런(mirror neuron)'이라 한다. 인간을 대상으로 한 뇌 영상과 경두개자기자극(TMS) 연구에서도 다른 사람의 행동을 관찰할 때 전운동피질(premotor cortex) 영역이 활성화되는 것이 관찰되어 인간에게도 거울 뉴런과 일치하는 영역이 있음을 시사하였다. 거울 뉴런은 타인의 행동을 관찰하고 모방하고 학습하는 것과 관련이 있다. 또한 거울 뉴런은 동작의 모방뿐만 아니라 운동의 상상

과도 관련이 있는 것으로 보인다.[9] 즉 거울 뉴런이라 일컬어
지는 전운동피질 영역의 존재는 운동의 관찰과 모방과 상상
을 통해 운동의 학습에 영향을 줄 수 있음을 시사한다.

심적 회전Mental rotation 실험

심적 회전(Mental rotation)은 내적 이미지를 회전시키는 상
상을 말하는 것인데, 이를 통해 상상할 때 뇌에서 어떤 작용
이 일어나는지 알 수 있다. 원숭이 실험에서 특정 방향으로
팔을 움직이는 것을 훈련하고, 그 방향을 지시하는 시각적
자극을 가하면, 실제 움직임이 일어나기 전에 그 방향의 움
직임을 상상할 때 운동피질이 활성화된다.[10] 사람을 대상으
로 양전자 방출 단층 촬영(Positron Emission Tomography, PET)
으로 뇌 혈류량을 관찰하면서 심적 회전을 실험한 결과, 사
물을 보여주고 사물의 회전을 상상하게 했을 때는 두정엽과
전후두 영역이 활성화되어 공간 지각과 시각적 상상이 관련
된 뇌의 작용을 시사했지만, 사람의 손 모양을 보여주고 회
전을 상상하게 했을 때는 운동피질과 함께 두정엽, 일차 시
각피질, 뇌섬엽(insula), 그리고 전운동피질과 전전두 영역 등
이 활성화되어 움직임을 상상하면 움직임을 준비하도록 관

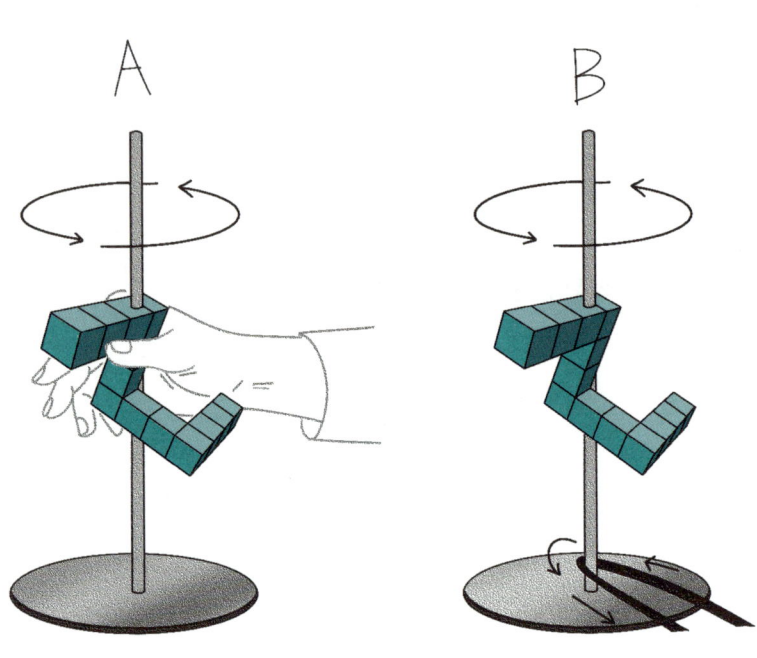

[심적 회전 실험][11]

A - B

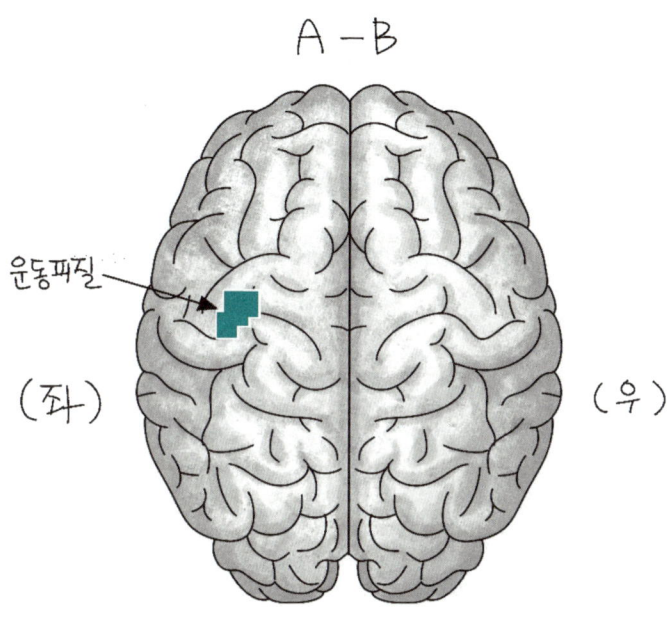

운동피질

(좌)　　　　　　　　　(우)

사물을 손으로 조작하지 않고 다른 동력을 사용해 회전시키는 것을 보여주고 회전을 상상하게 했을 때와 피험자의 손으로 직접 회전시키게 한 후 회전을 상상하게 했을 때를 비교했을 때, 후자의 경우에만 운동피질이 활성화되어 움직임의 상상이 운동피질을 자극한다는 것을 확인할 수 있었다.

련 영역이 활성화된다는 것을 시사했다.[11] 나아가 사물을 손으로 조작하지 않고 다른 동력을 사용해 회전시키는 것을 보여주고 회전을 상상하게 했을 때와 피험자의 손으로 직접 회전시키게 한 후 회전을 상상하게 했을 때를 비교했을 때, 후자의 경우에만 운동피질이 활성화되어 움직임의 상상이 운동피질을 자극한다는 것을 확인할 수 있었다.

이처럼 상상은 우리 뇌에 영향을 미친다. 움직임을 상상하면 운동피질을 활성화하고, 음악을 상상하면 청각피질을 활성화하고, 시각적 상상을 하면 시각피질을 활성화한다.[12]

운동 상상 Motor imagery

운동을 상상할 때 뇌 영상을 촬영한 연구도 많이 보고되었다. 오른쪽 손가락의 움직임을 상상하게 하고 PET로 뇌의 활성화를 관찰하면, 좌뇌의 감각운동피질과 인근의 하부 두정엽피질이 활성화되고, 그 외에 양쪽 전운동피질, 좌뇌의 운동 보조영역, 상부 두정엽피질, 조가비핵(putamen), 그리고 우측 소뇌가 활성화된다. 움직임이 복잡해질수록 좌뇌의 배측 전운동피질, 우뇌의 상부 두정엽피질, 그리고 우측 소뇌의 충부

(vermis) 부위가 더욱 활성화되는 것이 관찰되었다. 이와 같은 결과를 통해 손가락의 순차적인 움직임을 상상할 때 두정엽, 전운동영역, 소뇌가 중요한 기능을 하는 것을 알 수 있다.[13]

움직임을 상상할 때 활성화되는 뇌 부위가 직접 움직임을 수행할 때, 활성화되는 부위와 정확히 일치하는 것은 아니다. 손으로 조이스틱을 움직이는 동작을 수행할 때와 상상할 때, 그리고 동작을 준비할 때의 활성화 부위를 비교한 연구에서, 상상할 때는 준비할 때보다 전운동 영역의 덮개(operculum) 부위와 상부 하부 두정엽의 일부가 활성화되었고, 실제 동작을 수행할 때는 상상할 때보다 일차 감각운동피질과 주변 부위, 내외측 전운동피질의 배측(등쪽) 부위, 인근 대상회(cingulate) 부위, 그리고 좌 상부 두정엽피질의 문측(입쪽) 부위가 활성화되었다.[14] 또 다른 연구에서는 손가락의 움직임을 실제로 수행하거나 상상할 때 안정 시에 비해 공통으로 양쪽 전운동 및 두정엽 영역, 기저핵과 소뇌가 활성화되는 것이 관찰되지만, 상상과 실제 수행을 비교했을 때는 양쪽 전운동, 전전두, 운동보조 영역 및 좌측 후 두정엽 영역과 꼬리핵(caudate nuclei) 등이 활성화되었다. 즉 실제 수행 시에는 중심구(central sulcus) 인접 부위가 활성화되지만, 상상 시에는 그 주변 부위가 더 활성화되는 양상을 보였고, 피질하 부위에서도 실제 수행 시에는 조가비핵(putamen)

[거울 치료]

편마비 환자의 양손 사이에 거울을 놓고 마비측 손을 가리
면, 환자는 거울을 통해 건측 손의 움직임을 보면서 마비측
손이 움직이는 것 같은 착각을 일으킨다.

과 시상(thalamus)이 활성화되지만, 상상 시에는 조가비핵
(putamen)의 전방 부위가 활성화되는 양상을 보여, 운동의 상
상 시에 운동의 실행에 비해 운동보조 영역과 전운동 영역
의 전방 부위와 두정엽의 후방 부위가 활성화되는 경향을
보였다.[15]

경두개자기자극(TMS)을 이용한 신경생리학적 연구에서
도 운동의 상상은 운동유발전위(MEP)를 촉진하는 것으로
나타났으나 운동과 상관없는 시각적 상상은 그런 효과가 없
었다. 따라서 운동의 상상을 통해 운동피질의 흥분도를 조
절할 수 있다는 것을 알 수 있다.[16] 이러한 촉진 형상은 운동
관찰 시에도 동일하게 나타났는데, 우리가 어떤 행동을 관
찰하기만 해도 우리 뇌는 직접 그 행동을 수행할 때 사용되
는 근육들에 영향을 주는 것으로 해석된다.[17]

거울 치료 Mirror therapy

움직임의 관찰, 즉 시각적 자극을 통해 운동을 상상하게
함으로써 심상 훈련을 하도록 개발된 치료법이 거울 치료
(mirror therapy)다.[18] 편마비 환자의 양손 사이에 거울을 놓고
마비측 손을 가리면, 환자는 거울을 통해 건측 손의 움직임

을 보면서 마비측 손이 움직이는 것 같은 착각을 일으킨다. 그렇게 마비측 손이 움직이는 것을 상상할 때 손상된 뇌의 운동영역 및 앞서 살펴보았던 운동과 관련된 영역들이 활성화되어 재활치료를 촉진한다.

심상 훈련Mental practice의 치료적 적용

거울 치료와 같은 시각적 자극 외에 심상 훈련을 위해 치료적 목적으로, 더 일반적으로 사용되는 방법은 청각 자극을 통한 운동 상상이다. 환자는 내레이터의 목소리에 주의집중하여 안내에 따라 마비된 신체의 움직임을 상상한다. 이때 움직임을 선명하게 상상하는 것이 중요하다. 심상 훈련을 위해 사용하는 내레이션의 전형적인 예를 소개하면 다음과 같다.

[내레이터의 목소리]
의자에 편안하게 등을 기대고 앉아 조용히 눈을 감아 주시기 바랍니다. 안정적이고 편안한 상태가 되면 시작하겠습니다. … 이제 준비가 되셨다면 깊고 천천히 심호흡을 합니다. 숨을 들이 쉴 때 배를 크게 부풀려서 호흡을 합니다. 숨

을 내쉴 때 배가 안으로 들어갑니다. ... 숨을 들이쉬고 내쉬면서 몸과 마음이 고요하고 편안해집니다. ...

지금부터 몇 가지 팔을 사용해야 하는 행동을 상상해 보도록 하겠습니다. 최대한 생생하게 상상해 보려고 노력합니다. 지금 눈앞에 문이 있습니다. 그 문은 자물쇠로 잠겨져 있습니다. ... 약한 손의 엄지손가락과 집게손가락으로 열쇠를 쥡니다. 열쇠를 쥐는 데는 아무런 문제가 없습니다. ... 그런 다음 열쇠를 자물쇠의 열쇠 구멍으로 가져갑니다. ... 열쇠를 돌리면 자물쇠가 찰칵 소리 나며 열립니다. ...

이제 문을 열고 들어가니 탁자 위에 시원한 음료수 캔이 있습니다. ... 이제 약한 팔을 들어 올립니다. 팔을 움직이는 데는 아무런 문제가 없습니다. 팔을 천천히 들어 올려 캔을 쥡니다. 손으로 캔을 힘주어 쥐고는 천천히 들어 올립니다. ... 이제 팔꿈치를 구부려 캔을 입 가까이로 가져갑니다. ... 손을 들어 음료수를 마십니다...

이와 같이 눈을 감고 몸을 이완시키고 마음을 집중한 가운데 내가 하고자 하는 동작을 상상하면, 그 동작을 실제 수행할 때 활성화되어야 하는 대뇌피질 부위의 흥분도가 증가한다. 상상할 내용은 어떤 것도 가능하지만, 심상 훈련을 수행하는 사람에게 동기 부여가 되는 활동이면 더욱 좋을 것이다.

　심상 훈련의 치료적 효과에 대해 가장 많이 연구된 분야는 뇌졸중으로 인한 편마비 환자의 상지 재활이다. 이미 적지 않은 연구가 진행되었고 그 효능도 인정되고 있다. 심상 훈련을 통한 재활치료 후에 대뇌피질의 재조직화가 일어나는 것도 보고되었다.[19] 운동선수들도 심상 훈련을 한다고 앞서 언급했지만, 심상 훈련만으로 실제 훈련을 대체할 수는 없듯이, 치료적으로 적용할 때도 고식적인 재활치료와 함께 보완적으로 사용하는 것이 일반적이다. 2장에서 소개한 바 있는 편마비 환자들을 대상으로 한 강도 높은 상지 재활치료인 CIMT(constraint-induced movement therapy)와 함께 심상 훈련을 시도한 연구도 있었다.[20] 근래에는 공학 기술의 접목으로 신경-근육 전기자극 치료법(neuromuscular electrical stimulation)이나[21] 로봇 보조 재활치료에[22] 심상 훈련을 결합하기도 한다. 심상 훈련에서 매우 중요하면서 또 약점이기도 한 부분이 환자가 실제로 운동을 상상하고 있는지 알 수 없다는 것인데, 이러한 공학 기술의 접목과 더불어 운동 상상을 관찰할 수 있는 뇌-컴퓨터 인터페이스(brain-computer interface, BCI) 기술이 개발되고 있다. BCI를 위해 사용되는 생체 신호로는 뇌파(EEG)나[23] 대뇌피질의 헤모글로빈 농도를 측정하는 근적외선분광분석법(Near-infrared spectroscopy,

NIRS)[24] 등이 시도되었다. 이런 기술을 이용해 뇌의 작용을 피드백 함으로써 더욱 학습을 촉진하고 치료적 효과를 상승시킬 수 있을 것으로 기대된다.[25]

영화 〈스타워즈〉(조지 루카스 감독) 시리즈에서 제다이 기사들은 '포스(Force)'라고 하는 염력(念力)을 사용한다. 포스는 동양철학의 '기(氣)'에서 따온 개념이다.[26] 기(氣)는 인체뿐 아니라 자연의 삼라만상에 존재하면서 음양의 균형을 조절하는 에너지다. 포스를 사용하기 위해 제다이 기사들은 명상을 통한 정신 집중(mindfulness)을 수련하는데, 아마도 그 때 뇌 영상을 찍어보면 전두엽의 활성화가 관찰될 것이다. 전두엽으로부터 모든 뇌 부위에 영향을 미치면 온몸으로 그 에너지가 전달되고, 또 온몸을 거쳐 기(氣)로 연결된 온 세상 사물에 영향을 미치는 것이다. 영화는 영화일 뿐, 스타워즈의 세계는 아주 먼 옛날 머나먼 은하계의 이야기이다. 그러나 우리 뇌의 잠재력에 대한 상상이 거기에까지 미친 것임은 틀림없다. 사람들이 그런 이야기를 재미있어하고 열광하기까지 하는 것은, 영화에서의 공상만큼은 아니더라도, 어느 정도는 마음의 힘에 대해 공감하기 때문일 것이다. 그리고 이 장에서 계속 주장해 온 바와 같이, 우리의 마음의 힘은, 설령 외부의 물건까지 들어 올리지는 못할지라도, 적어도 나의 뇌를 변화시키는 능력은 있다.

상상 그 자체는 아직 현실이 아니다. 그러나 상상의 반복은 현실 세계에서 실현으로 이끈다. 바로 뇌의 작용을 통해서다. 그러므로 무슨 상상을 품고 사느냐 하는 것은 우리 삶에서 매우 중요하다. 그 상상이 미래의 현실을 결정할 것이기 때문이다.

"나에게는 꿈이 있습니다"라는 유명한 연설로 미국 사회를 변화시켰던 마틴 루터 킹 목사의 꿈을 생각해 본다. 아마 그의 꿈은 당시에는 실현 불가능한 꿈처럼 여겨졌을지도 모른다. 그러나 그의 꿈을 공유한 사람들이 많아져 갈 때 그들이 모인 사회에서 그 꿈은 현실이 된다. 한 사람의 꿈과 상상은 그 사람의 뇌를 변화시켜 그 꿈을 실현하기 위한 계획과 전략을 만들어낼 수 있고, 그렇게 한 사람을 통해 표현된 꿈은 다른 사람을 감동하게 해 그 꿈에 동참하게 한다. 그렇게 그 꿈에 동참하는 사람이 하나둘 모여서 큰 집단을 이룰 때, 그 꿈은 현실 세상에서도 이루어지는 것이다. 한 사회의 모든 구성원이 동일한 이상을 품는다면, 그 이상은 곧 그 사회의 현실이다. 건강한 뇌처럼 서로 소통하고 화합하고 조화를 이루는 건강한 사회를 상상해 본다.

뇌와
섹슈얼리티

Brain And Sexuality

7
PART

사랑은 죽음처럼 강한 것,

시샘은 저승처럼 극성스러운 것,

어떤 불길이 그보다 거세리오?

—구약성경 아가 8장 6절 (공동번역)

사랑은 배워야 하는 감정이다.

—월터 트로비쉬

　앞 장에서는 뇌를 변화시키는 상상의 힘에 대해 살펴보았다. 그런데 상상한다는 것은 상상처럼 쉽지만은 않다. 내가 상상하고자 하는 의도와 달리 나의 내면적 욕망에 휘둘리기 쉬운 까닭이다. 정신분석학자 프로이트(Sigmund Freud)는 성적 욕망을 의미하는 리비도(libido)를 인간의 가장 원초적인 동력으로 보았다. 이 장에서는 우리 욕망의 근저를 이루는 사랑과 섹슈얼리티와 관련된 뇌의 기능에 대해 살펴보기로 한다.

뇌와 욕망의 관계

뇌는 사람의 삶에서 일어나는 모든 경험의 주체이며, 살면서 느끼는 감정도 뇌의 기능과 연결되어 있다. 모든 사람의 일생에 예외 없이 가장 강력한 영향을 미치는 감정은 사랑하는 감정일 것이다. 영화나 드라마, 문학작품 속에서 사랑이 다루어지지 않는 경우는 드물다. 사랑, 로맨스, 그리고 성적 욕망은 우리 뇌와 어떤 관계가 있을까?

스트레스, 위해, 위협 등의 자극에 따른 투쟁-도피(fight — flight) 반응과 관련해 분비되는 신경전달물질은 에피네프린, 노르에피네프린 같은 카테콜아민이다. 반면 고요함, 평화, 행복감, 좋은 사회적 관계, 사랑과 관련된 물질은 옥시토신(oxytocin)이다. 옥시토신은 처음에는 아기가 젖을 빨 때 산모에게서 분비되는 분만 및 수유와 관련된 여성 호르몬으로 알려졌으나, 남성과 여성 모두에게 존재하며, 시상하부(hypothalamus)에서 분비되어 호르몬과 신경전달물질로서 작용해 모성, 성적 행동 및 사회적 행동과 연관이 있는 것으로 알려졌다.[1]

로맨틱한 사랑에 빠진 사람들이 서로를 바라볼 때 우리 뇌의 어느 부분이 반응할까? 기능적 자기공명영상을 이용한 연구에서 로맨틱한 사랑의 관계에 있는 파트너의 사진을 보여주었을 때와 그 파트너와 같은 성별과 유사 연령대의 다른 친구의 사진을 보여주었을 때 활성화되는 뇌 부위의 차이를 관찰했는데, 파트너의 사진을 보았을 때 양쪽 내측 뇌섬엽(medial insula)과 전대상피질(anterior cingulate cortex), 그리고 꼬리핵(caudate nucleus)과 조가비핵(putamen) 부위가 활성화되지만, 후대상회(posterior cingulate gyrus)와 편도체(amygdala), 그리고 우측 전전두엽, 두정엽, 중간 측두엽 피질은 비활성화를 보였다.[2] 이는 우리의 감정 상태에 따라 반응하는 대뇌피질도 기능적으로 특화되어 있음을 시사하는 소견이다.

이와 유사한 다른 연구에서 사랑에 빠진 초기, 즉 행복감과 강렬한 열정이 있는 시기의 연인들을 대상으로 같은 방식의 실험을 했을 때, 우측 꼬리핵(caudate)과 배쪽뒤판(ventral tegmental area, VTA) 부위는 활성화되는 소견을 보였고, 우측 전내측(앞쪽안쪽) 꼬리핵(anteromedial caudate)은 열정적인 사랑의 정도와 유의한 상관관계를 보였고, 사귄 기간이 길수록 대상회(cingulate) 부위의 활성화가 증가하는 경향을 보였다.[3] 이와 같은 경향은 사귄 지 100일 미만인 커플을 6개월까지 추적한 다른 연구에서도 유사한 결과를 보였다.[4] VTA와 꼬리핵(caudate)은 보상과 동기부여, 욕망, 중독, 행복감과 관련된 신경전달물질인 도파민(dopamine)의 분비에 관여하는 구조물로 알려져 있다.

　도파민은 우리 몸의 신경계에서 여러가지 역할을 하는 신경전달물질인데, 최근들어 중독과 관련된 도파민 시스템에 대한 이야기가 대중에게 많이 알려지면서 마치 쾌락의 대명사처럼 오남용되기도 하지만, 위에서 언급한 보상과 관련된 뇌 구조물들의 신경전달물질로 작용하면서 쾌락의 경험이라는 보상을 얻기 위한 동기를 부여하는 역할을 한다.

　모성애에도 유사한 구조물과 신경전달물질이 관련되어 있지만, 로맨틱한 사랑과 차이점은 성호르몬과 관련된 시상하부는 활성화를 보이지 않고, 아이의 표정을 읽는 것과 관련된 것으로 추정되는 시각피질의 활성화를 보인다는 점이다.[5]

　사랑에 빠진 사람들의 뇌에서 관찰되는 이러한 소견은 오래된 부부들에게도 나타날까? 좋은 사랑의 관계에 있는 10년 이상 지난 부부들을 대상으로 유사한 연구를 했을 때, 파트너의 사진을 보여주면 마찬가지로 보상 기전과 관련 있는 도파민이 풍부한 VTA와 배측(등쪽) 줄무늬체(dorsal striatum)가 활성화되어 초기의 로맨틱한 사랑과 관련된 행복감이 지속될 수 있음을 보여주었다. 그 외에도 옥시토신 수용체가 많이 분포하고 있는 창백핵(globus pallidus)과 흑색질(substantia nigra), 그리고 솔기핵(raphe nucleus), 시상(thalamus), 뇌섬엽(insula), 대상회(cingulate) 등이 활성화되어 애착 관계 및 호

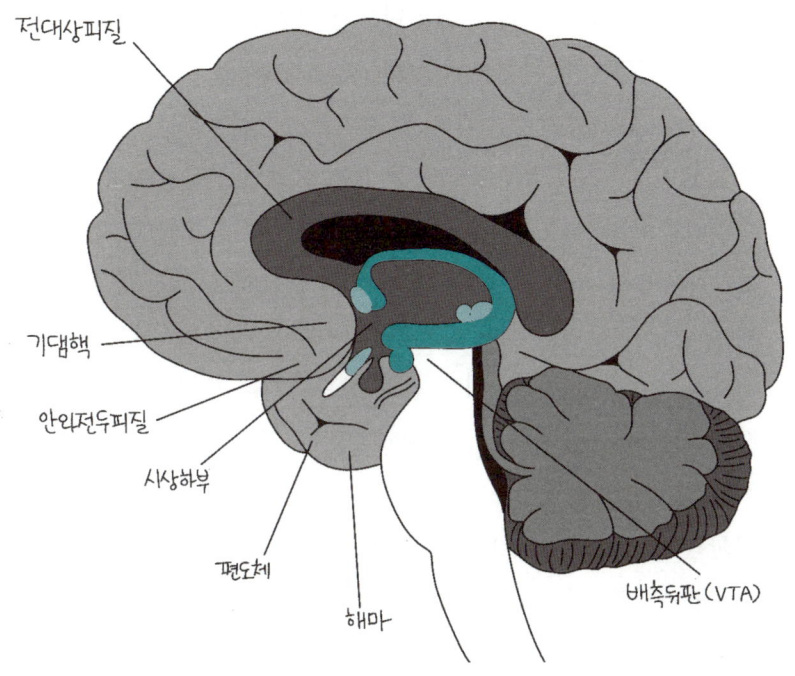

전대상피질

기댐핵

안와전두피질

시상하부

편도체

해마

배측뒤판(VTA)

[사랑과 관련된 뇌 구조물들]

사랑할 때 우리의 뇌는 VTA, 꼬리핵, 기댐핵, 줄무늬체 등 도파민 시스템이 활성화되어 행복감과 만족감을 얻는다. 이 구조물들은 보상과 동기부여, 욕망, 중독, 행복감과 관련된 신경전달물질인 도파민의 분비에 관여하는 구조물로 알려져 있다.

감과도 연관이 있음을 시사했다.[6] 이들에게서 결혼생활의 만족도는 VTA, 안와전두피질(orbitofrontal cortex), 전방 뇌섬엽(anterior insula), 하전두회(아래이마이랑, inferior frontal gyrus), 종말줄(stria terminalis: 분계섬유줄이라고도 하며, 시상과 꼬리핵의 경계에 위치하며 편도체로부터 나오는 신경섬유들을 포함함), 전전두피질(prefrontal cortex) 등과 양의 상관관계를 보이고 심한 우울증과 관련된 것으로 알려진 뇌량하(뇌들보밑) 대상회(subcallosal cingulate gyrus)와는 음의 상관관계를 보여, 결혼생활의 만족이 공감능력, 스트레스 조절 및 감정 관리에 긍정적인 영향이 있음을 시사했다.[7]

한편, 사랑하는 파트너로부터 거절당한 사람들을 대상으로 유사한 실험을 했을 때도 유사하게 VTA, 복부(배쪽) 줄무늬체(ventral striatum), 안와전두/전전두피질(orbitofrontal/prefrontal cortex), 대상회(cingulate gyrus) 등이 활성화되어 거절당했어도 사랑하는 감정이 있을 때는 보상 기전과 관련된 구조물들이 활성화되는 양상을 보였고, 특히 기댐핵(nucleus accumbens)과 안와전두/전전두피질은 갈망과 중독에 연관된 부위로 사랑의 거절이 강박과 중독으로 이어지는 현상을 설명할 수 있는 단초를 제공한다.[8]

이와 같이, 사랑의 욕망과 관련된 뇌과학적 연구들을 통해 알 수 있는 것은, 사랑이 인간 내면의 깊숙한 곳에서 감정과 행동에 영향을 준다는 것이다. 사랑할 때 우리의 뇌는 VTA, 꼬리핵, 기댐핵, 줄무늬체 등 도파민 시스템이 활성화되어 행복감과 만족감을 얻지만, 사랑이 결여된 자리에는 강박과 중독이 파고든다. 또한 사랑의 만족감이 있을 때 전전두피질과 대상회 등의 활성화로 편도체의 감정 기억이 전달하는 부정적인 영향을 조절하고 관리하는 능력이 향상될 수 있음을 추정할 수 있다.

오르가슴orgasm과 뇌의 활동

그러면 성 행위와 관련해서는 우리 뇌에서 어떤 일이 일어날까?

뇌의 혈류량을 측정할 수 있는 양전자 방출 단층 촬영(Positron Emission Tomography, PET)을 이용한 연구에서 남성들을 대상으로 사정(ejaculation) 시 뇌의 활성화 부위를 검사한 결과 소뇌의 치상핵(치아핵, dentate nucleus)과 충부(벌레, vermis), 교뇌(pons), 그리고 복외측(배쪽가쪽) 시상(ventrolateral thalamus)에서 활성화를 보였지만, 전전두피질(prefrontal cortex)에서는 불활성화되는 소견을 보였다. 소뇌의 치상핵은 사정을 위한 근육의 수축과 관련된 것으로 추정되며, 전전두피질은 성적 행동에 대한 억제를 위해 작용하다가 탈억제(disinhibition)된 것으로 해석된다.[9] 여성들을 대상으로 한 PET 연구에서는 오르가슴 시 안와전두피질(orbitofrontal cortex), 하측두회(아래관자이랑, inferior temporal gyrus), 전방 측두극(관자극, anterior temporal pole)에서 불활성화 소견을 보였고, 심부 소뇌핵과 복측(배쪽) 중뇌(ventral midbrain), 우측 꼬리핵(right caudate nucleus)은 활성화되는 소견을 보였다. 안와전두피질(orbitofrontal cortex)은 성적 행동을 억제하다가 탈억제를 보이는 소견으로 남성의 사정 시 반응과 유사한 것으로 보이며, 측두엽의 불활성화는 성적 각성과 연관된 것으로 추정된다. 심부 소뇌 핵의 활성화는 남성과 마찬가지로 근육의 수축을 반영하는 것으로 보이며, 복측 중뇌(ventral midbrain)와 꼬리핵(caudate)의 활성화는 도파민 분비와 관련된 보상 시스템이 관여하는 것으로 해석할 수 있다.[10] 오르가슴에 이르기 전 성적 자극을 가하는 동안에는 편도체와 좌측 방추이랑(left fusiform gyrus)의 불활성화 소견은 남녀에서 공통적이었으나, 여성에서는 전두엽과 두정엽의 운동 및 감각피질이 활성화되지만, 남성에서는 담장(claustrum)과 복측 후측두피질(ventral occipitotemporal cortex)이 활성화되는 차이를 보였다. 담장은 피질과 광범위한 연결이 있고 여러 감각을 통합하는 기능이 구조물로서, 시각적 상상과 관련 있는 후측두피질(ventral occipitotemporal cortex)이 함께 활성화되었다는 것은 성적 감각 자극을 시각적 자극으로 전환했음을 시사한다고 해석할 수 있다.[11] 다른 fMRI 연구에서도 시각적 자극에 여성보다 남성이 시상하부와 편도체의 활성화가 증가하는 것이 보고되었다.[12,13] 이는 여성보다 남성이 시각적 자극으로 성적 흥분을 느낀다는 통념과도 부합하며, 성적 흥분은 감각적 자극의 상상과 무관하지 않음을 알 수 있다.

사실 우리 뇌의 어느 부분이든지 성적 흥분에 관여될 수 있다. 시각피질에서 감지한 시각적 자극은 외측 전전두피질(lateral prefrontal cortex)에서 해마(hippocampus)에 저장된 정보를 이용해 그 자극이 평가되고 분류되어 상두정소엽(위마루소엽, superior parietal lobule)에 의해 주의 정도가 조절된다. 자극의 감정적인 요소와 쾌락감은 편도체(amygdala)와 내배측(안쪽등쪽) 시상(mediodorsal thalamus)의 활성화와 연관되어 있고, 이어서 시상하부(hypothalamus)에 의해 성적 자극은 자율신경계의 반응으로 촉발된다. 성적 자극에 대한 강도 조절에는 줄무늬체(striatum), 즉 꼬리핵(caudate)과 조가비핵(putamen), 그리고 뇌섬엽(insula)이 관여한다. 성적 흥분이 신체적 반응으로 나타나면 그 감각적 피드백을 두정엽 덮개피질(parietal opercular cortex)이 처리하고, 대상회(cingulate)에서 슬하 전대상피질(subgenual anterior cingulate cortex: 전대상피질의 맨 앞쪽에서 뇌량의 아래쪽으로 꺾인 부분)은 변연계(limbic system) 와 연결되고, 전방 중대상피질(anterior midcingulate cortex)은 전 운동(premotor) 및 외측 전전두피질(lateral prefrontal cortex)과 연 결되어 성적 행동을 조절하는 역할을 한다. 심리적인 성적 흥분과 신체적인 반응을 신경망 내에서 연결하는 데는 담장 (claustrum)이 중요한 기능을 한다.[14]

사랑에 대한 갈망과 성적 욕망은 우리 육체인 뇌에 깊이 뿌리박힌 본성이라고 할 수 있다. 한편, 우리 대뇌피질의 활 동, 즉 성적인 상상은 성적 흥분과 관련된 뇌 부위를 강화하 는 데 영향을 줄 수 있다. 앞서 살펴본 바와 같이 상상과 훈 련은 뇌를 변화시킨다. 마찬가지로 욕망을 상상하고 욕망에 따라 행동하기를 반복하면, 우리 뇌는 거기에 반응해 욕망 을 강화하도록 변화된다.

성적 지향과 뇌, 그리고 유전자

성적 욕망 자체는 보편적이지만 욕망의 정도나 취향은 개 인마다 차이가 난다. 이런 차이에 따라 뇌의 활성화 양상에 도 차이가 있을까?

동성애자들을 대상으로 한 연구에서 동성애 남성과 이성

애 여성은 남성 호르몬인 안드로겐 페로몬에 반응해 시상하부 네트워크가 활성화되었지만,[15] 동성애 여성과 이성애 남성은 여성 호르몬인 에스트로겐 페로몬에 반응해 시상하부 네트워크가 활성화되는 것이 관찰되었다.[16] 이러한 반응은 성 전환자에게도 동일했다.[17] 그런데 동성애자에게 파트너의 사진을 보여주었을 때 반응하는 뇌의 활성화 양상은 이성애자에게 파트너의 사진을 보여주었을 때와 차이가 없는 것으로 나타났다.[18] 즉 파트너의 성별에 차이가 있을 뿐이지 어느 성별이든 사랑하는 대상에 반응하는 뇌는 동일하다는 뜻이다. 이와 같이 성적 흥분을 촉발하는 자극은 성적 취향에 따라 다르지만, 성적 욕망과 사랑에 대한 뇌의 반응과 제어 방식은 성적 취향과 상관없이 유사하다고 볼 수 있다.

그렇다면 성적 취향과 행동은 어떻게 결정되는 것일까?

뇌과학 연구는 사람이 특정한 행동이나 경험을 할 때 뇌의 활성화 양상을 관찰하는 것이어서 인과 관계를 규명하는 데에는 근본적인 한계가 있다. 즉 나의 반응이 뇌에 반영된 것과 뇌가 나의 반응을 결정한 것을 구분할 수는 없다는 말이다. 서로 다른 성적 자극에 시상하부가 반응을 보였다 해도, 내가 그 자극에 끌린다는 사실이 시상하부의 활성화로 나타난 것이지, 시상하부가 활성화됨으로써 내가 그 자극에 끌리게 되었다고 말할 수는 없다. 마찬가지로 사후 부검

한 뇌의 특성도 그 특성이 그 사람의 행동을 결정했는지 그 사람의 행동이 뇌의 변화를 초래했는지 인과 관계를 설명할 수는 없다. 성전환자의 사후 부검 소견에서 일반적으로 남성에서 큰 종말줄의 침상핵(bed nucleus of the stria terminalis: 종말줄의 앞쪽 뇌실 바닥에 위치한 핵들의 집합체로, 남성에서 여성의 2배 크기로 알려져 있음)이 여성처럼 작게 되어 있었다고 하여 성적 취향이 뇌의 구조적 차이에 의해 결정되었다는 주장이 있었지만,[19] 이런 소견은 인과 관계를 판단할 수 있는 소견은 아니다. 여성으로 전환한 사람이 여성 호르몬을 투여하면서 여성으로 살아간다면 이에 따른 뇌의 구조적 변화도 가능하기 때문이다.

일반적으로 특정한 성적 자극에 내가 반응을 보이겠다고 선택하거나 결정한 경험이 있는 사람은 없다. 그러므로 성적 취향과 행동은 의지적 선택이라기보다는 내재적 욕망이라고 보는 것이 타당할 것이다. 그러면 내재적 욕망은 선천적으로 결정되는 것일까? 성적 행동에 영향을 주는 유전자들에 관한 연구가 있어 왔는데, 바소프레신(vasopressin) 수용체 단백질과[20] 도파민(dopamine) 수용체 단백질을[21] 합성하는 유전자는 인간의 성적 행동과 연관 있는 것으로 알려졌다. 그러나 유전자의 발현은 개체마다 달라서 내재적인 요인과 환경적인 요인이 모두 유전자 발현에 관여하는 것으로 알려져 있다. 또한 특정 유전자가 어떻게 발생하게 되는지, 삶의 경험을 통해 획득된 뇌의 변화가 유전자의 형성에 영향을 주는지도 의문이다. 유전자 발현의 메커니즘을 알아내는 것은 성적 취향을 이해하는 것을 넘어서 유전적 질환을 치료하는 데 매우 중요한 정보를 줄 것으로 기대되며, 이는 향후 후성유전학(epigenetics)의 과제다.

모든 것을 유전자의 영향으로 돌린다면, 이내 답할 수 없는 끊임없는 질문에 직면하게 된다. 도대체 그 유전자는 어느 조상에서부터 시작된 것인가, 나에게 없던 특성이 왜 내 자녀에게는 나타나느냐 등등의 질문이다. 뇌과학이 아니더라도 부모의 성향이 자녀에게서 나타난다는 것은 다 알고 있다. 그러면서도 부모의 성향이 모두 똑같이 자녀에게서 나타나는 것은 아니라는 것도 다 알고 있다. 유전은 중요하지만, 뇌가 성숙해질 때까지 성장기의 환경과 학습이 유전자의 발현에 영향을 준다는 의미다. 인간의 뇌 성장기가 다른 동물들에 비해 길다는 것은 각 개체가 유전의 전적인 영향 아래 있지 않고 변화의 기회가 주어져 있다는 의미이다. 물론 변화가 긍정적인 방향인지 부정적인 방향인지는 그 개인의 선택뿐 아니라 자라고 학습한 환경의 지대한 영향을 받을 것이다. 어떤 유전자가 어떻게 해서 발현하게 되는지에 대한 지식은 아직 불충분하지만, 인간의 욕망을 형성하는데 유전과 환경이 모두 영향을 미친다는 것은 분명해 보인다. 성적 성향이 유전적으로 결정된다는 생각은 뇌와 인간의 특성에 대한 성찰이 빠진 성급한 결론이다.

유전적 결정론과는 다른 관점에서, 근래에 개봉한 동성애를 소재로 다룬 두 영화에는 동성애에 대한 통찰이 담겨 있다.

영화 〈문라이트〉(베리 젠킨스 감독, 2016)는 마약이 일상이 되어 있는 빈민가에서 편모 슬하에 사는 흑인 소년의 성장기를 그린 영화다. 왜소하고 숫기 없는 주인공은 거친 생활 환경에 살면서 학교에서도 소외되지만, 그를 이해해 주고 때론 보호해 주는 친구가 있어 든든하다. 청소년기의 어느 날 주인공은 친구에게 강렬한 성적 흥분을 느끼게 된다. 두 소년의 관계가 동성애로 발전해 간 건 아니다. 그러나 주인공은 건장하게 성장해 마약상으로 살아가면서도 이성에 대해서는 성적 관심을 가지지 못하고, 식당에 취업해 요리하면서 평범하게 살아가는 친구를 찾아간다. 이 영화의 주인공을 보면, 안정되지 못한 환경에서 성장기를 보내면서 성에 민감한 청소년기의 감정적 경험과 정체성과 자존감이 성적 정체성에도 얼마나 큰 영향을 주는지를 생각하게 한다. 같은 환경에서 성장한다고 다 동성애적 성향을 보이게 되는 것은 물론 아니다. 그러나 유전적으로 동성애적 성향이 있다고 해서 다 동성애자가 되는 것도 아니다. 뇌과학적 지식은 유전과 교육 모두가 인간성의 형성에 영향을 준다는 것을 가르쳐 준다.

영화 〈캐롤〉(토드 헤인즈 감독, 2015)은 두 여성의 로맨스를 다룬 영화다. 부유하고 안정되어 보이는 가정의 주부인 캐롤은 백화점 점원 테레즈를 만나 사랑에 빠진다. 캐롤은 겉으로는 번듯해 보이지만 가부장적 전통에 매여있는 가정 속에서 숨 막히는 삶을 벗어나고자 몸부림치는 여성이며, 아무런 문제 없어 보이는 그녀의 남편은 그녀를 이해하지 못한다. 두 여성의 로맨스는 여느 남녀 간의 로맨스를 그린 영화와 다르지 않게 전개되는데, 이는 여성들 간의 사랑도 남녀 간의 사랑과 다르지 않다는 것을 나타내려는 의도로 보인다. 테레즈는 캐롤의 동성애적 관심에 처음에는 당황하지만, 후에는 남자 친구를 버리고 캐롤에게로 향한다. 테레즈의 남자 친구는 동성애자를 유전적으로 결정된 별다른 부류의 사람이라고 인식하며, 테레즈의 정서적 공허감을 채워주지 못한다. 결국 두 여성 다 이성과의 사랑에서의 실패와 진정한 사랑에의 열망이 서로를 향한 사랑으로 이어진 셈이다. 이 영화는 진정한 사랑이 무엇인지, 부부간 이성 간의 사랑은 진정한 사랑을 이루고 있는지 질문을 던지며, 성적 욕망보다 더 근저에 있는 사랑에의 열망을 일깨운다.

조건 없는 사랑

　로맨틱하고 에로틱한 사랑이 아닌, 조건 없는 아가페 사랑은 뇌와 어떤 상관이 있을까?

　장애인들과 함께 공동생활을 하는 프랑스의 라르슈 공동체 일원들을 대상으로 지적 장애인들의 사진을 보여주고 조건 없는 사랑의 감정을 느끼게 했을 때, fMRI 영상에서 중간 뇌섬엽(middle insula), 상두정소엽(위마루소엽, superior parietal lobule), 우측 수도관주위회색질(periaqueductal gray), 우측 창백핵(globus pallidus, 내측부), 우측 꼬리핵(caudate nucleus, 배측 머리), 좌측 배쪽뒤판(ventral tegmental area), 그리고 좌측 문배측(입쪽등쪽) 전대상피질(rostro-dorsal anterior cingulate cortex) 등의 부위가 활성화되는 것을 관찰했다.[22] 이들 구조물 중 상당 부분은 로맨틱한 사랑을 느낄 때 활성화되는 부위와 중복된다. 즉 아가페적인 사랑의 감정을 느낄 때도 행복감을 느끼는 뇌의 반응은 유사하며, 보상 기전과 관련된 도파민 시스템이 작동한다는 뜻이다. 사람에게 행복과 만족을 주는 것은, 반드시 본능적인 욕망의 충족만은 아님을 알 수 있다. 우리의 마음이 어디 집중하고 훈련하고 학습되느냐에 따라 행복을 느끼는 뇌의 네트워크는 강화될 것이며 우리의 반응과 감정과 행동도 변화될 수 있다.

구약성경에 포함되어 있는 솔로몬의 아가(雅歌)서는 남녀 간의 로맨틱하고 에로틱한 사랑에 대한 노골적인 묘사로 성경 독자들을 당황하게 하는 책이다. 이런 내용의 책이 성경의 한 부분을 차지하고 있다는 것은 어떤 의미일까?

　아가서에 담긴 성과 사랑에 관한 이야기는 성경에 담겨 있는 인간성에 관한 내용과 연관지어서 읽는 것이 타당할 것이다. 성경은 인간성의 본질적 특성을 신의 형상에서 찾는다. 인간의 근원적인 욕망이라고 할 수 있는 성과 사랑의 문제는 다른 동물들에서도 관찰되는 번식 본능으로 다 설명할 수 있는 사안이 아니다. 그보다는 인간의 내면 깊은 곳에 자리한 실존적 욕망이라고 보아야 할 것이다. 그것은 사랑하고 사랑받고자 하는 욕망, 사랑으로 정의되는 관계에 대한 욕망, 반복적으로 사랑에 실패해도 누군가를 사랑하는 법 배우기를 포기할 수 없는 욕망이다. 인간의 욕망에 대한 탐구가 우리를 이끄는 곳은, 의미와 목적을 추구하며 자아와 타인과 절대자와의 유대감을 추구하는 인간성의 본질적 특성, 곧 영성이다.

뇌와
영성

Brain And Spirituality

8
PART

인간에게 삶의 궁극적인 의미는 사랑하는 방법을 배우고, 사랑을 주고받는 능력을 키우는 데 있다.

—에마뉘엘 수사, 《사랑의 회복》 중에서

인체를 대상으로 한 뇌과학 연구의 한계 이해

오늘날 뇌과학 지식이 확장된 것은 영상 기술의 발달에 힘입은 바가 크다. 과거 뇌 영상 기술이 없었을 때는 환자의 상태를 자세히 관찰하고 기술했다가 사망 후에 부검을 통해 뇌의 손상 부위를 확인하고 뇌의 국재된 기능을 이해했다. CT와 MRI의 개발로 살아있는 사람의 뇌를 촬영한다는 것은 뇌의 손상이나 질환이 의심되는 환자들을 진료하는 데 획기적인 발전을 가져왔다. 거기에다가 뇌의 기능적 영상까지 볼 수 있는 기술이 개발되어 질병의 진단뿐 아니라 살아있는 사람의 뇌의 기능까지 연구할 수 있게 되었다.

뇌의 기능적 영상의 대표적인 것들은 fMRI, PET, NIRS, TMS 등이다. fMRI는 특정한 기능을 수행하고 있는 상태와 아무것도 수행하고 있지 않은 안정 상태의 뇌 MRI 영상으로부터 관심 부위의 산소 소모를 반영하는 BOLD(Blood Oxygen

Level Dependent: 뇌 혈류 산소 수준) 신호를 통계적으로 분석해 획득된다. PET는 양전자를 방출하는 방사성 동위원소를 주입해 뇌의 혈류량을 측정한다. NIRS는 생체를 투과하는 근적외선의 특성을 이용해 뇌의 헤모글로빈 농도를 감지한다. TMS는 영상이라기보다는 신경생리적 검사 도구로, 자기자극을 통해 대뇌피질에서 전기적 신호가 발생하게 함으로써 신경경로의 통합성과 흥분도를 검사하는 방법이다. 검사 방법마다 각각의 장단점이 있어서 연구의 목적에 따라 가장 적합한 도구를 사용해 검사하는 것이 보통이다. 그냥 찍어만 보면 뇌에 대한 진실이 다 나오는 것이 아니라 연구의 목적에 따라 적절한 가설을 세우고 실험을 디자인해 타당하고 신뢰할 만한 방법으로 검사를 진행한 후, 초기 가설에 입각한 올바른 해석을 거쳐 뇌과학적 지식이 탄생한다.

과학적 사실 vs. 과학적 이론

과학적 지식이 생성되는 과정을 살펴보자. 과학적 지식의 생성은 과학자의 연구 질문에서부터 시작한다. 연구 질문에 답하기 위해 과학자는 가설을 수립하고 그 가설을 검증하기 위한 실험 설계를 한다. 인체를 대상으로 하는 임상 연구의 설계에는 대상자의 선정 기준, 실험적 개입(intervention)의 방법, 독립 변수와 종속 변수, 각 변수의 측정 방법, 표본집단의 크기와 통계 분석 방법 등이 포함된다. 실험을 수행한 후에 실험 결과를 얻게 되고, 그 결과를 해석하여 결론을 도출한다. 그 결론은 추론의 과정을 거쳐서 과학적 지식으로 이론화된다.

엄밀히 말하자면 실험의 결과까지가 과학적 사실(scientific fact)이고, 그 후에 세워진 이론은 과학적 이론(scientific theory)이라고 할 수 있다. 과학적 사실(fact)은 실험이 잘못되지 않았다면 재현성이 있다. 그러나 과학적 이론은 그 이론에 배치되는 다른 과학적 사실(fact)이 등장할 때까지만 올바른 이론으로 인정된다.

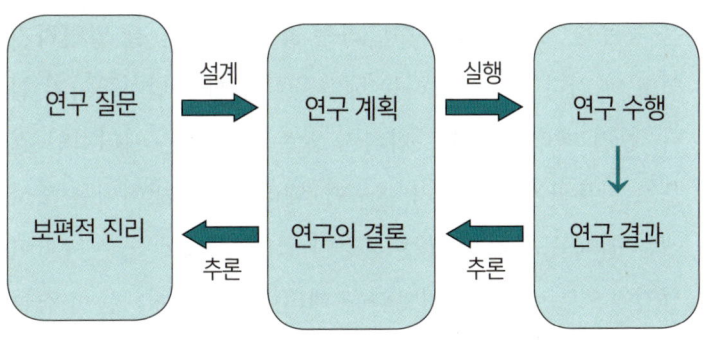

[임상 연구의 구조][1]

과학은 발생할 때부터 객관성과 중립성을 중요시해 왔다. 그런데 과학을 연구하는 과학자가 완전히 객관적이고 중립적으로 되는 것은 불가능하다. 가설이 실험을 거쳐 과학적 결론에 도달하는데, 학계에서는 실험방법의 객관성과 타당성과 재현성을 중요시한다. 하지만 가설의 수립 단계와 실험 결과의 소견을 해석하는 단계에서는 과학자의 주관적 견해가 개입되지 않을 수 없다. 물론 과학 잡지에 논문을 게재하는 과정에서 동료 리뷰를 통해 가설과 해석의 타당성이 검증되기는 한다. 그러나 동료 과학자 역시 주관적 견해를 가진 사람이고, 특정 견해가 그 과학자 집단에 공유되어 있다면, 그 집단 내에서 공유된 주관적 견해는 객관적 사실로 취급된다. 토마스 쿤은 과학자 집단이 공유하고 있는 전제(premise)를 패러다임(paradigm)이라 명명하였다.[2] 과학자들은 공유한 패러다임에 부합하는 소견들을 더 잘 발견하기 쉽고, 패러다임에 부합하는 해석을 타당하게 받아들이기 쉽다. 반면 패러다임에 부합하지 않는 소견들은 예외적인 경우로 치부하거나 놓치기 쉬우며, 패러다임을 벗어나는 해석에는 쉽게 동조하지 않는 경향이 있다. 그래서 쿤은 과학이 점진적으로 발전한다기보다는 패러다임을 벗어나는 소견들이 더는 무시할 수 없도록 많아질 때 혁명적으로 발전한다고 보았다.

과학 vs. 과학주의

　현대 과학이 의식적 혹은 무의식적으로 받아들이고 있는 패러다임은 무엇일까? 아마도 유물론(materialism) 또는 물리주의(physicalism)라고 할 수 있을 것이다. 과학(science)과 과학주의(scientism)는 다르다. 과학은 이 세상의 지식을 얻을 수 있는 매우 유용한 방법이다. 실제로 근대 이후 과학의 발흥은 인류의 삶을 획기적으로 변화시켰다. 그러나 과학은 이 세상의 모든 지식을 얻을 수 있는 유일한 방법은 아니다. 과학으로 얻을 수 있는 지식은 이 세상에서 관찰할 수 있고(observable) 측정할 수 있는(measurable) 영역에 국한된다. 뇌과학의 발달도 인간의 뇌에서 일어나는 현상을 관찰하고 측정할 수 있는 기술이 개발되었기 때문에 가능했다. 만일 과학이 알 수 없는 영역에 대해 모른다고 인정하지 않고, 관찰할 수 없거나 측정할 수 없는 것은 존재하지 않는다고 주장한다면 그것은 과학주의(scientism)가 된다. 훌륭한 과학자가 반드시 과학주의자여야 하는 것은 아니다.

과학의 신조 The scentific creed

많은 과학자가 비판의식 없이 무심코 받아들이고 있는 신념들에 대해, 기독교에서 신앙을 고백할 때 사용하는 사도신경(The apostle's creed)에 비유하여, 루퍼트 셸드레이크(Rupert Sheldrake)는 10가지 과학의 신조를 다음과 같이 정리했다.[3]

1. 모든 것은 본질적으로 기계적인 것이다.
2. 모든 물체는 의식이 없다.
3. 물질과 에너지의 총량은 항상 동일하다(빅뱅만 빼고).
4. 자연의 법칙은 고정적이다.
5. 자연은 목적이 없으며 진화에는 목표나 방향이 없다.
6. 모든 생물학적 유산은 물질적이며, 유전적 물질, DNA 및 다른 물질 구조에 들어있다.
7. 마음은 머릿속에 있으며 뇌의 활동에 지나지 않는다.
8. 기억은 두뇌에 물질적 흔적으로 저장되며 사망 시 사라진다.
9. 텔레파시와 같은 설명할 수 없는 현상은 환상일 뿐이다.
10. 기계론적 의학만이 실제로 효과가 있는 유일한 의학이다.

이러한 신념들은 과학적 사실과는 무관하다. 과학자가 자신도 인식하지 못하는 사이에 이런 신념들을 받아들이게 되면 진실을 왜곡하는 오류에 빠지기 쉽다. 명망있는 과학자가 자신의 견해를 피력하면 그 분야에 대한 전문지식이 없는 사람들은 그 과학자의 견해를 과학적 사실로 오인할 수 있기 때문이다. 진리를 추구하는 과학자라면 인간의 인식의 한계와 과학의 한계를 우선 인정하는 것이 마땅하다.

영적 체험과 뇌의 활동

살아있는 사람의 뇌 활동을 관찰할 수 있는 길이 열리자, 뇌과학자들은 인간의 영성에 관한 연구에도 관심을 가지기 시작했다. 가르멜 수도회 수녀들이 신의 임재 경험을 회상하는 동안 fMRI로 뇌의 활동을 분석한 연구에서 우측 내측 안와전두피질(orbitofrontal cortex), 우측 중간 측두피질(middle temporal cortex), 우측 하부 및 상부 두정엽(inferior and superior parietal lobules), 우측 꼬리핵(caudate), 좌측 내측 전전두피질(prefrontal cortex), 좌측 전대상피질(anterior cingulate cortex), 좌측 하두정엽(inferior parietal lobule), 좌측 뇌섬엽(insula), 좌측 꼬리핵(caudate), 좌측 뇌간(brainstem), 그리고 이차시각피질

(extra-striate visual cortex)이 활성화되는 것이 관찰되었다.[4] 측두엽은 영적 신비 체험과 관련 있는 것으로 이전부터 제기되어 왔던 부위다. 신과의 친밀한 관계 경험이 많은 사람에게서 우측 중간측두회(중간관자이랑, middle temporal gyrus) 두께가 증가했다는 보고도 있다.[5] 꼬리핵(caudate nucleus)이 활성화된 것은 행복감과 연관이 있고, 뇌섬엽(insula)은 감정에 대한 체성내장 반응(somatovisceral response)과, 전대상피질은 감정의 인식과, 그리고 전전두피질은 감정에 대한 의식적인 인식과 연관이 있는 것으로 해석할 수 있다. 두정엽의 활성화는 신비 체험 가운데 자기 신체상의 인식에 대한 변화를 반영한다고 볼 수 있다. 이 연구 결과를 통해 영적인 체험을 하는 동안에도 사람의 물리적 뇌의 광범위한 영역이 사용되는 것을 알수 있다.

한편, 덴마크에서는 개신교 신자들이 기도하는 동안의 fMRI 소견을 연구했는데, 특별히 중독이나 보상과 관련된 구조인 줄무늬체(striatum)를 관심 영역으로 분석한 결과 꼬리핵(caudate nucleus)이 활성화되는 것을 확인하였다.[6] 이는 기도와 같은 영성 활동도 도파민 시스템에 영향을 줄 수 있음을 시사한다. 또한 기독교인들의 종교적 신념에 대한 반응을 조사한 fMRI연구에서도 복내측(배쪽안쪽) 전전두피질 (ventromedial prefrontal cortex)이 활성화되는 양상을 보였는데

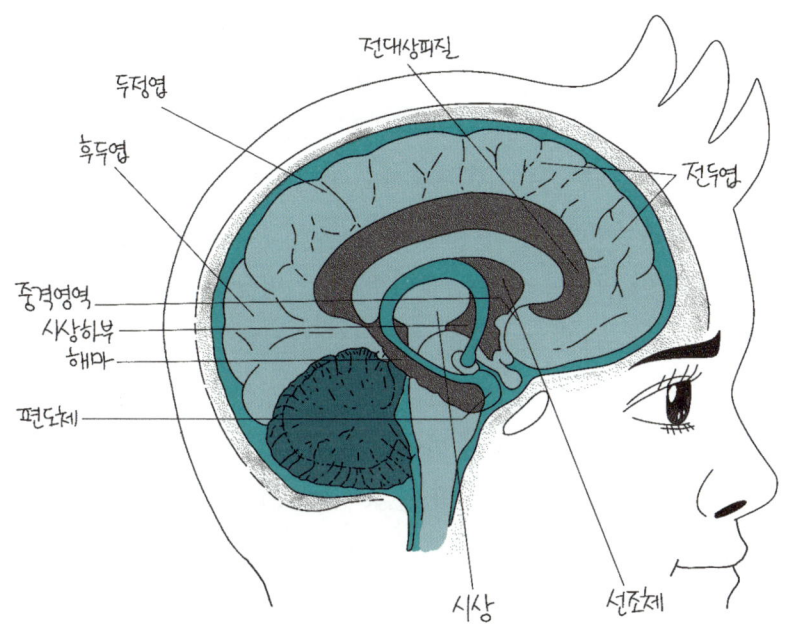

두정엽
전대상피질
후두엽
전두엽
중격영역
시상하부
해마
편도체
시상
선조체

[전대상피질]

대뇌반구의 안쪽 중앙 부분에 자리 잡은 띠 모양의 전대상
피질은 운동피질과 전전두피질 및 변연계와 연결되어 있
어 운동 조절과 욕동, 그리고 인지기능이 만나는 곳이다.

이 부위도 자기표현과 감정, 그리고 보상 및 목표 중심 행동과 연관이 있다.[7] 보상 기전과 관련이 있는 구조물들은 좋은 음악을 감상하거나[8] 유머를 들을 때에도[9] 활성화될 수 있다.

명상(묵상)에 대한 fMRI 연구에서도 전전두피질(prefrontal cortex)과 전대상피질(anterior cingulate cortex), 그리고 변연계의 구조물들이 연관이 있음을 보여주었다.[10] 명상(묵상)에서 집중도(mindfulness)가 높을수록 전두엽의 활성화는 증가하고 변연계의 활성화는 감소하는 경향을 보이는 것으로 나타났다.[11] 이와 유사하게 감정적 반응을 인지적으로 재해석할 때 전전두피질(prefrontal cortex)의 활성화는 증가하고 편도체(amygdala)의 활성화는 감소하는 것도 보고되었다.[12] 명상(묵상) 시의 이러한 뇌의 활성화 패턴은 개인차가 있어서 명상(묵상)의 숙련자가 비숙련자보다 전대상피질(anterior cingulate cortex)과 배내측(등쪽안쪽) 전전두피질(dorsal medial prefrontal cortex)의 활성화 정도가 더 강하다.[13] 그뿐만 아니라 오랫동안 명상(묵상)을 수행한 사람에서는 전전두피질의 두께가 증가하며,[14] 나이가 들어도 회백질 용적의 감소가 덜한 것으로 보고되었다.[15]

대뇌반구의 안쪽 중앙 부분에 자리 잡은 띠 모양의 전대상피질(anterior cingulate cortex)은 운동피질과 전전두피질 및 변연계와 연결되어 있어 운동 조절과 욕동(drive: 인간 행동이 내부로부터 생겨나는 동기의 힘), 그리고 인지기능이 만나는 곳이다.[16] 전대상피질은 전두엽의 이성적 기능과 변연계의 감정적 기능의 균형을 잡고 조정하는 기능을 한다.[17] 그런 이유로 이 부위는 명상(묵상) 시에 활성화되는 것 이외에도 외상후 스트레스장애(posttraumatic stress disorder, PTSD)나 강박장애(obcessive-compulsive disorder, OCD)의 인지-행동 치료와도 연관이 있다.

이상과 같은 연구 결과들을 통해 우리는 영성에 대해 무엇을 추론할 수 있을까?

첫째는 영혼의 존재에 관한 추론이다. 신의 존재를 믿고 영혼의 존재를 믿는 사람은 신의 임재를 경험하거나 기도나 명상 등 종교적 활동을 할 때 뇌가 활성화되는 것을 영혼의 존재의 증거로 받아들인다. 반면 무신론자나 유물론자는 똑같은 연구 결과를 놓고 신이나 영혼은 결국 우리 뇌의 생리적 기능이 만들어낸 허상이라는 증거라고 해석할 것이다.

과학적으로 관찰된 사실에 대한 해석에는 결국 해석하는 사람의 주관이 반영될 수밖에 없다. 과학 그 자체는 영혼의 존재 또는 부재를 증명할 능력이 없다. 이런 연구 결과들을 보고 그것을 영혼의 존재로 해석할지 부재로 해석할지는 전적으로 해석하는 사람이 자기가 가진 세계관과 가치관에 따라 선택하는 것이다. 그러므로 신이나 영혼의 존재를 부정하는 세계관을 가진 사람이 과학을 근거로 자신의 생각이 옳다고 주장하는 것은 정당하지 못하며, 마찬가지로 신에 대한 신앙을 가진 사람이 과학을 근거로 자신의 신앙이 옳다고 주장하는 것도 정당하지 않다. 사실 신의 존재를 알고 그 임재를 경험하고 영적 교류 가운데 사는 사람은 과학적 방법에 의한 이런 류의 증명 자체가 필요하지도 않다. 마치 풍향계를 보면 바람의 방향을 가시적으로 볼 수 있지만 풍향계가 없더라도 바람의 존재를 모르지 않는 것처럼, 이런 과학적 소견은 신앙을 가지는 근거가 되는 것이 아니라 일상적 삶의 경험의 당연한 가시적 결과로 여겨질 뿐이다. 따라서 뇌과학은 영혼에 대한 논쟁의 도구로 사용하기보다는 인간성에 대한 탐구의 도구로 사용하는 편이 더 생산적이다.

둘째로 추론해 볼 수 있는 것은 우리가 영성이라고 일컫는 것의 기능이다. 영성과 관련된 뇌과학 연구 결과들은 영성이 우리의 이성과 감정과 행동, 즉 우리의 인격과 깊은 연관성이 있으며, 영성이 인격에 영향을 미칠 수 있음을 의미한다. 그 의미를 정리해 보면, 첫째, 영적인 체험이나 명상이 전두엽의 활성화와 연관이 있다는 것은 영성이 우리의 마음을 관리하고 통제하는 기능을 한다는 것을 시사한다. 변연계로부터 올라오는 본능적 또는 감정적 욕망을 다스리는 역할을 하는 것이다. 전대상피질은 이들을 조정하는 기능을 하는 구조물인 것으로 보인다. 둘째, 도파민 시스템과 관련이 있다는 것은 영성 활동이 실존적 만족감을 준다는 의미이다. 도파민 시스템은 뇌의 보상 기전이며 중독과 관련이 있다. 인간은 실존적 만족감이 없을 때 공허감과 욕구 불만을 경험하게 되고, 그 빈자리를 원초적인 욕망이나 중독에 내어주기 쉽다. 셋째, 이런 연구 결과들은 또한 영성 활동을 통한 마음 훈련의 가능성을 보여준다. 감정적 기억의 저장소인 편도체는 낯선 사람을 보거나 위험을 감지했을 때 활성화되는 구조물로, 적대적인 감정, 편견, 배타성 등과 관련되어 활성화를 보이는 것으로 알려져 있다. 명상이나 기도를 통해 편도체의 활성화를 감소시킬 수 있다는 것은 곧 영성 활동을 통해서 혐오감과 편견을 극복하고 공감과 화평과 사랑을 배우고 훈련할 수 있다는 가능성을 보여준다.[18]

영성과 관련된 연구를 많이 수행했던 핵의학자인 앤드루 뉴버그(Andrew Newberg)는 명상과 기도 등 영성 활동이 뇌의 변화를 일으켜 불안과 우울을 감소시키고, 사회성과 공감 능력을 향상시키고, 인지 능력과 지능까지 향상시킬 수 있다고 결론내리고, 뇌 기능을 향상시킬 수 있는 훈련법을 소개하였다. 또한 그는 종교 혹은 영성과 뇌과학의 상호 교류와 학문적 발전을 기하기 위해 '신경신학(neurotheology)'이란 분야를 주창하기도 했다.

　인간의 영성이라는 부분이 관찰하거나 측정하기 어렵다고 해서 허상으로 여기는 것은 과학자로서 정당한 태도는 아니다. 오히려 열린 마음으로 탐구한다면 인간에 대한 더 깊은 이해를 할 수 있을 것이다.

앤드류 뉴버그Andrew Newberg의 신체적, 정신적, 영적 건강을 위한 8가지 뇌 훈련법[19]

1. 믿음(Faith)

믿음은 희망을 품고, 낙관적인 생각을 하고, 긍정적인 미래가 우리를 기다리고 있다고 믿는 것과 같다. 낙관적인 생각은 내적 동기와 정신 건강을 유지하는데 신경학적으로 필수적이다. 낙관적인 사람은 기도나 묵상에 의해 촉진되는 구조물인 전대상피질의 활성화를 보인다.

2. 다른 사람과의 대화(Dialogue with others)

언어는 인간의 뇌가 다른 동물보다 뛰어나게 하는 중요한 툭성이다. 대화에는 사회적 상호작용이 필요하며, 사회적 유대감이 많을수록 인지능력의 저하는 덜하다. 사회적 고립은 공격성, 우울감, 그리고 여러 정신질환들을 야기한다. 대화가 없이는 협력할 수 없고, 협력하지 못하면 갈등이 유발된다.

3. 유산소 운동(Aerobic exercise)

운동은 신체 뿐 아니라 뇌도 강화시킨다. 운동은 집중해서 의도적으로 신체의 움직임과 호흡을 조절한다는 측면에서 명상과도 유사하다. 운동은 이완과 영적 평안을 향상시킨다.

4. 명상 및 묵상(Meditate)

명상이나 기도는 스트레스를 완화하는 호르몬 및 도파민과 세로토닌 같은 쾌락을 증진하고 우울증을 감소하는 신경전달물질의 분비를 촉진한다. 10분에서 15분 정도의 짧은 명상으로도 인지기능, 이완, 정신건강에 긍정적인 효과를 얻을 수 있다.

5. 하품(Yawn)

하품은 졸릴때 나오는 반응이지만 하품을 함으로써 몸을 이완시킬 수 있고 흐려진 집중력을 즉각적으로 각성시킬 수 있다. 또한 하품은 사회적 인식과 공감 능력을 향상시키는 뇌 부위를 자극한다. 관련 구조물은 설전부(precuneus, 쐐기앞소엽이라고도 하며, 두정엽의 안쪽에 위치해 있음)인데 거울 뉴런 시스템과도 연관이 있다.

6. 의식적인 이완(Consciously relax)

의도적으로 신체 각 부분을 인식하고 근육의 긴장과 피로를 풀어줌으로써 인지능력과 영적 안녕감을 향상시킬 수 있다. 이완은 스트레스를 자극하는 신경전달물질들을 저해할 수 있다.

7. 인지 활동(Stay intellectually active)

인지 자극은 전두엽의 신경 연결을 강화시키며, 소통하고, 문제를 해결하고, 행동에 대한 합리적인 결정을 내리는 능력을 향상시킨다. 성경을 읽고, 의미를 묵상하고, 친구들과 나누고, 인간성에 대해 깊이 성찰하는 일은 뇌의 복잡한 회로들을 깨우는 아주 좋은 방식이다.

8. 미소(Smile)

별로 웃고싶지 않을 때라도, 반복해서 미소짓는 행위를 하는 것만으로도 부정적인 감정을 중단하고 삶에 대한 긍정적인 시각을 유지하는 데 도움이 될 수 있다. 비록 지어낸 미소일지라도 그것을 보는 다른 사람들은 당신을 더 관대하고 친절하게 대할 것이다. 미소는 사회적 관계와 공감과 기분을 향상시키는 뇌 회로를 자극한다.

뇌와 인간

Brain And Humanity

Epilogue

'Why do you persist?' (왜 이렇게 버티는 거지?)

'Because I choose to.' (내가 선택했기 때문이에요.)

—영화 〈매트릭스3〉 중에서 스미스 요원과 네오의 대화

누구든지 자기 자신을 남에게 내맡겨서 복종하면
곧 자기가 복종하는 그 사람의 종이 된다는 것을
모르십니까?

—신약성경 로마서 6장 16절 (공동번역)

처음 신경해부학을 배울 때, 나의 행동과 생각과 삶
의 경험 모두를 신경학적으로 설명할 수 있음에 흥미로워했
던 기억이 있다. 의과대학에 다니는 20대 초반 청년으로서,
여러 심리적 현상이 뇌의 생리적 기능과 연관되어 있음을
아는 것이, 자신을 이해하는 데 큰 도움이 되었다. 이유를 알
수 없는 분노, 우울감, 누군가를 좋아하는 감정, 욕망, 기분
이 좋아지는 음악과 커피와 분위기 등, 일상에서 느끼는 나
의 감정에 대해 왜 그럴까 하는 성찰을 하다 보면, 내 생각이
나 가치와 부합하지 않는 부정적 감정에 대해서는 이드(id)
와 슈퍼에고(superego)의 갈등처럼 스스로 책망하기도 하는

데, 뇌를 통한 인간의 이해는 자신을 이해하고 용납하고 사랑하고 절제하는 데 도움을 줄 수 있다. 내 경우, 뇌와 인간에 대한 이해는 내면적 성장에 도움이 되었다.

반면, 뇌와 인간에 대한 오해는 자신뿐 아니라 사회에 해가 될 수도 있다. 바람직하지 못한 생각과 감정을 합리화하고, 올바르지 못한 행동을 정당화하고, 인간으로서 가져야 할 마땅한 책임 의식을 뇌라는 물질에 전가하다 보면, 자신의 인간성이 망가질 뿐 아니라 타인에 대한 악행을 제어해야 할 사회의 기능도 약화된다. 사람이라면 누구나 나쁜 생각과 감정을 품을 수 있고, 그중 일부는 행동으로 옮겨 죄를 범하기도 한다. 범죄가 아예 없으면 더욱 좋겠지만, 한 번으로 끝난다면 그것도 다행이다. 심신미약이란 모호한 용어로 악행을 합리화하면, 돌이킬 기회는 사라지고 범죄 속에서 살아갈 수밖에 없다. 잘못된 행동을 이해하는 것과 정당화하는 것은 전혀 다르다.

뇌와 자유의지에 대해서는 적잖은 논쟁이 있었다. 인간의 자유의지와 생물학적 결정론의 논쟁이 그것이다. 이런 논쟁이 시작된 것은, 뇌과학의 발전이 자유의지를 포함한 인간의 인격적 기능을 뇌에 대한 실험적 소견으로 환원할 수 있을 것 같은 착각을 주었기 때문이다. 뇌에 관한 과학적 연구 방법으로 인격에 관한 인과 관계를 결론 내는 것은 불가능하며, 연구자가 가진 세계관에 따라 연구 결과를 해석할 뿐이다. 신경계 구조가 단순한 미생물 실험을 통해 신경세포에 관한 다양한 지식을 얻을 수 있지만, 그런 지식만으로 뇌와 인간을 설명할 수는 없다. 환원주의적인 실험 결과를 토대로 인간의 의식과 지성, 자유의지의 기원에 관해 논한다는 것은 과한 비약이다.

뇌과학이 발달하고 뇌에 대한 일반인들의 관심도 증가하면서 근래에는 뇌과학 관련 서적도 많이 출간되고 있다. 어떤 책들은 생물학적 결정론을 지지하는 쪽에 무게를 두고,[1] 어떤 책들은 자유의지를 지지하는 쪽에 무게를 둔다.[2] 네덜란드의 뇌과학자 디크 스왑(Dick Swaab)이 쓴《우리는 우리 뇌다》[3] 라는 책은, 그 제목에서 강력히 시사하듯이 우리의 의식, 욕망, 감정, 운동, 기억, 행동은 우리 뇌의 기능적 산물임을 주장한다. 그 기저를 이루는 세계관은 생물학적 결정론이다. 뇌에 대한 과학적 발견의 결과를 잘 기술한 책이지만, 저자의 세계관에 따른 편향적 해석을 하고 있다.

뇌가 출생 전에 이미 형성되고 그것을 벗어나기 어려운 것은 사실이지만, 이런 소견들을 확대하여 해석하면 인간의 모든 욕망과 행동을 합리화하는 것밖에 되지 않는다. 인간에 관한 관심이 뇌에 대한 탐구로 이어졌으나, 과학이란 이름으로 과학적 결과를 왜곡되게 해석하면, 인간에 관한 진

실은 왜곡된다. 한편, 이 책에 대해 공개 반론이라도 하려는
듯, 독일 철학자 마르쿠스 가브리엘(Markus Gabriel)은《나는
뇌가 아니다》⁴ 라는 책을 썼다. 이 책은 반자연주의 관점에
서 모든 존재가 물질적인 것은 아니며 자연과학적으로 탐구
할 수 있는 것도 아니라고 주장한다. 비물질적 실재들이 존
재하며, 그것은 누구나 얻을 수 있는 상식적 통찰이라는 것이
다.⁵ 그러면서 '우리의 자기 인식을 새로 등장한 자연과학
분야들에 위임해야 한다는 생각은 이데올로기적이며 그릇
된 환상'이라고 강조한다. 책을 쓴 목적이 '정신적 자유의 산
물들을 자연적 생물학적 사건들로 오해하는' 생각들과 주장
들에 대한 비판임을 숨기지 않는다.⁶ 뇌와 정신의 관계에 대
해, 흔히 이원론이라고 하면 뇌와 별개의 정신이 존재하는
것이고, 일원론은 뇌와 정신이 일치하는 것으로 생각해, 뇌
과학을 공부한 사람이면 일원론을 주장하는 것이 당연하다
고 생각하는 경향이 있다. 그런데 이 책은 의식을 뇌와 동일
시할 수 있다고 믿는 소위 '신경중심주의'를 비판하는데, 즉
'이원론은 우주 안에서 뇌-사물 외에 추가로 의식-사물이
있다고 주장하지만, 일원론은 의식-사물이란 뇌 전체 혹은
몇몇 뇌 구역들 및 그것들의 활동과 동일하다고 주장'하는
것으로서, 두 입장 모두 의식이 사물이라고 전제하므로 그
것이 결정적인 오류라는 것이다.⁷

오늘날 뇌과학자들은 대부분 마음과 뇌를 분리해서 생각했던 데카르트적 이원론을 거부하고 사람의 심리적 속성들이 뇌에 속하는 것으로 생각한다. 그러나 '나'라는 자아의 기능을 마음의 기능에 귀속시키고 뇌라는 육체와 분리해서 이해하는 이원론적 입장과 마찬가지로, 자아의 기능을 뇌라는 육체에 귀속시켜 이해하는 일원론적 입장도 자유의지의 주체인 자아를 올바르게 설명하지 못한다. 뇌가 생각한다, 뇌가 느낀다, 뇌가 결단한다, 라는 식의 말은 아무런 의미가 없는 말이다. 내가 생각하고, 느끼고, 결단하는 것이지 뇌가 하는 것이 아니다. 나는 나일 뿐이지, 내가 나의 마음이거나 나의 뇌일 수는 없다.[8] 뇌과학자인 질 볼트 테일러(Jill Bolte Taylor)는 뇌동정맥기형(동맥이 모세혈관을 거치지 않고 바로 정맥으로 연결되는 혈관의 기형)의 출혈에 의한 뇌졸중을 직접 경험하고, 회복과 재활의 과정에서 자신의 뇌에 대해 다시 생각하게 된 자전적 에세이《나는 내가 죽었다고 생각했습니다》(*My stroke of insight*)에서 다음과 같이 말한다.

> 뇌졸중은 내가 세상에서 누구이고 어떤 존재로 살아가고 싶은지 선택할 수 있게 해준 놀라운 선물이었다. 뇌졸중을 겪기 전에는 내가 뇌의 산물이라고 여겼다. 그래서 내가 어떻게 느끼고 무엇을 생각하는지에 대

해 결정권이 없는 줄로만 생각했다. 그러나 사고 이후, 나는 새로운 눈을 떴다. 내게 선택의 권리가 있다는 걸 실감한 것이다.'

뇌와 관련된 서적들은 각각 뇌과학과 관련된 저자의 입장을 담고 있다. 일부 책들은 주관적인 견해가 두드러지기도 하지만, 대부분 나름의 과학적 근거를 제시한다. 분명한 것은 모두 과학적 사실에 대한 해석을 가하고 있으며, 거기에는 저자의 세계관과 인생관 등 주관적 가치가 개입한다. 그리고 그런 책들을 읽는 독자들도, 자신의 세계관과 인생관에 따라서 옹호하는 입장이 생긴다. 결국 과학자가 과학적 사실을 가지고 해석하고 자기 입장을 정하는 것도 선택이고, 일반인이 과학자의 글을 읽고 자기 입장을 정하는 것도 선택이다. 그리고 그 선택은 자신에게 주어진 생물학적 영향력에 대해 어떤 의지를 가지고 반응할 것인지를 결정한다. 자유의지가 생물학적 영향을 막강하게 받고 있기에 완전한 자유가 아니라는 주장을 수용한다고 하더라도 선택의 여지가 아예 없는 것은 아니라는 면에서 자유의지는 존재한다.

영화 〈매트릭스〉(워쇼스키 감독) 시리즈는 인간의 자유의지에 관한 탁월한 유비를 담은 걸작이다. 영화에서 인간은 자기 뜻대로 자유롭게 산다고 착각하며 살지만, 실상은 매트릭스라는 거대 컴퓨터에 연결되어 에너지를 제공하면서 가상 현실을 살아가고 있는 존재로 묘사된다. 인간은 매트릭스가 프로그래밍해 준 대로 살아갈 뿐이다. 주인공 네오는 매트릭스에 저항하는 무리의 도움을 받아 매트릭스 밖으로 탈출한다. 매트릭스 밖의 사람들은 시온이라는 곳에 모여 살면서 매트릭스를 파괴할 계획을 세우는데, 예언에 따라 자기들을 구원할 이가 나타날 것을 기다리며, 네오가 곧 그 구원자라고 믿는다. 매트릭스의 창시자는 프로이트(Sigmund Freud)이며, 매트릭스는 생물학적 결정론이 지배하는 세상이다. 반면 시온은 종교적 결정론을 믿고 살아가는 무리라고 할 수 있다. 네오는 자신이 예언된 구원자라고 확신하지는 않지만, 자신의 자유의지를 따라 매트릭스를 파괴하기로 결정한다. 매트릭스 내에서 인간을 감시하고 통제하는 소프트웨어인 스미스 요원은 무한대로 자신을 복제하면서 네오와 대결하는데, 네오가 포기하지 않고 맞서는 것을 보면서 혼란에 빠진다. 도대체 무엇을 위해 이렇게 버티는 거지? 생존? 자유? 진실? 평화? 아니면 사랑 때문에? 이 모든 것이 환영에 불과함을 알지 못한단 말인가? 네오의 대답은 간단하다. 내가 그렇게 하기로 선택했기 때문에.

영화 〈로보캅 2〉(어빈 커쉬너 감독, 1990)에도 자유의지에 관한 인상적인 장면이 등장한다. 주인공 머피 형사는 총격으로 거의 사망에 이른 상태에서 인공지능을 탑재한 로봇의 몸에 사람의 뇌만 이식된 사이보그인 로보캅으로 되살아난다. 머피의 기억은 다 삭제되었지만, 자의식은 어렴풋이 살아있다. 로보캅을 제작한 회사는 자기들의 유익을 위해 로보캅에게 부당한 명령을 입력하는데, 로보캅은 프로그래밍이 된 명령에 반하는 행동을 하는 것은 불가능하다. 이때 머피가 한 선택은 자신의 로봇 몸을 감전시켜서 부당한 명령을 삭제하는 것이었다. 인간은 이런 선택을 할 수 있다. 생물학적인 영향으로 제어하기 어려운 심리 상태가 있을 수 있지만, 결국 그것에 어떻게 반응할지 선택하는 것은 인간의 자유의지다.

신약성경의 상당 부분을 저술했고 1세기 기독교의 발흥에 큰 역할을 했던 사도 바울은 자신의 내면적 갈등을 육체의 욕망과 성령 사이의 갈등으로 묘사했다.[10] 바울이 말하는 육체의 욕망은 불륜, 추행, 적개심, 시기, 분노, 탐욕, 이기심, 분열, 당파심, 술주정 등이며, 성령의 열매는 사랑, 기쁨, 평화, 인내, 친절, 선의, 진실, 온유, 절제 등이다. 이 두 가지 중 하나를 선택하는 것은 저녁으로 무엇을 먹을지 선택하는 것처럼 쉽지는 않다. (물론 탄수화물 섭취를 제한해야 하는 사람이 탄수화물을 섭취하지 않기로 선택하기도 쉽지 않다. 이 경우에는 절제를 선택하는 것이 어렵다는 것과 같은 의미로 보아도 되겠다.) 바울 자신도 스스로 옳다고 생각하는 것을 선택하지 못하는 자신 때문에 절망한다.[11] 바울은 변화의 결정적 계기로서 인생의 전환점이 된 회심의 사건을 경험한다. 자신의 신념에 따라 거부하고, 반대하고, 핍박했던 대상인 예수를 환상 중에 만난 것이다. 신경중심주의의 입장에 있는 뇌과학자는 그 경험이 측두엽 간질이라는 억측을 제기하기도 한다.[12] 생물학적 결정론을 신봉하는 유물론자라면 이 입장에 동조하고 싶겠지만, 전혀 합리적인 추론이라는 생각이 들지는 않는다. 그렇다면 많은 측두엽 간질 환자들에 의해 많은 신과 종교가 생겨났어야 하기 때문이다. 바울이 새로운 선택을 하고 변화될 수 있게 한 것은 자신의 정체성에 대한 실존적 인식의 전환이었다.[13] 자신이 누구인지 어떤 존재인지 인식하고 올바른 자아상과 자존감을 확립함으로써, 우리는 새로운 변화와 성장의 길로 들어설 수 있다.

◆ ◆ ◆

사람은 변하지 않는다고들 한다. 그러나 뇌에 대한 지식은 다른 얘기를 들려준다. 사람은 변한다. 변하려는 뜻이 없어서 변하지 않는 것뿐이다.

잘 알려진 인디언 우화인 두 마리 늑대 이야기[14]에서 우리는 뇌가 어떻게 변하는지 지혜를 얻을 수 있다.

> 한 늙은 인디언 추장이 어린 손자에게 사람의 마음속에서 일어나는 선(善)과 악(惡) 간의 크나큰 싸움에 관해 이야기를 나누고 있었다.
> "얘야. 우리 마음속에는 늘 두 마리의 늑대가 싸우고 있단다."
> "어떤 늑대인가요?"
> "한 마리는 질투, 탐욕, 이기심, 자만, 분노 같은 나쁜 녀석이고 다른 한 마리는 평화, 인내심, 겸손, 친절, 소망 등을 가진 늑대란다"
> "어떤 늑대가 이기나요?"
> 손자가 궁금해서 묻자, 추장이 이렇게 대답했다.
> "네가 먹이를 주는 놈이 이기지."

뇌는 나를 결정하지 않는다. 나의 도구일 뿐이다. 나의 매일의 선택이 나의 뇌를 만들어간다. 뇌는 내가 어떻게 사용하느냐에 따라 달라지며, 잘못 사용해 잘못 길들이면 나의 삶에, 그리고 내가 제공한 유전자와 환경 속에서 성장한 내 자녀들의 삶에도, 부정적인 영향을 미치는 나의 도구이다.

당신의 오늘의 선택에 따른 오늘의 행동과 경험은 당신의 미래를 결정하고 후손의 미래에도 영향을 미친다.

◆ ◆ ◆

인간은 자유의지를 가진 존재이며,
인간의 선택으로 뇌는 개발되며,
그 결과에 따라 인간됨이 결정되며,
인간은 자신의 인간됨에 대한 책임이 있다.

생명이 있는 모든 것은 변화하고 성장한다. 우리 뇌도 그렇다.

주

1장 | 모든 것은 뇌 안에 있다

1. Carmichael ST. Cellular mechanisms of plasticity after brain lesions. In Selzer ME et al.(eds) *Textbook of neural repair and rehabilitation*. 2nd ed. Cambridge University Press, 2014, pp.196~210. 신경 조직에는 신경의 고유한 기능을 수행하는 신경세포(neuron)들과 이들을 도와 보조적 역할을 하는 신경아교세포(glial cell)들이 있는데, 뇌졸중이 발생하면 손상된 뇌 조직 주위에 있는 세포 중 신경아교세포의 하나인 성상세포(astrocyte)와 희소돌기아교세포(oligodendrocyte)에서 콘드로이틴황산프로테오글리칸(chondroitin sulfate proteoglycans), 테나신(tenascin), 노고(Nogo), 에프린(ephrin) 등 여러 가지 성장억제 인자를 분비하는 것으로 알려져 있다.
2. 구약성경(개역개정) 창세기 1장 27절. "하나님이 자기 형상 곧 하나님의 형상대로 사람을 창조하시되 남자와 여자를

창조하시고."

3. 구약성경(개역개정) 창세기 2장 7절. "여호와 하나님이 땅의 흙으로 사람을 지으시고 생기를 그 코에 불어넣으시니 사람이 생령이 되니라" (KJV) And the LORD God formed man of the dust of the ground, and breathed into his nostrils the breath of life; and man became a living soul.

2장 | 사용하거나 소멸되거나

1. Brown G, Sherrington C. "On the instability of a cortical point". Proceedings of Royal Science Society of London. 1912; 85B; 250~277.

2. Buonomano DV, Merzenick MM. "Cortical plasticity: From synapses to maps". Annu. Rev. Neurosci. 1998. 21: 149~86.

3. Taub E, Ellman SJ, Berman AJ. "Deafferentation in monkeys: Effect on conditioned grasp response". Science 1966; 151; 593~594.

4. Pons TP, et al. "Massive cortical reorganization after sensory deafferentation in adult macaques". Science 1991; 252;

1857~1860.

5. Mogilner A1, Grossman JA, Ribary U, Joliot M, Volkmann J, Rapaport D, Beasley RW, Llinas RR. "Somatosensory cortical plasticity in adult humans revealed by magnetoencephalography". Proc Natl Acad Sci USA. 1993 Apr 15; 90(8): 3593~7.

6. Ramachandran VS. "Behavioral and magnetoencephalographic correlates of plasticity in the adult human brain". Proc Natl Acad Sci USA. 1993 Nov 15; 90(22): 10413~10420.

7. Elbert T, Pantev C, Wienbruch C, Rockstroh B, Taub E. "Increased cortical representation of the fingers of the left hand in string players". Science. 1995 Oct 13; 270(5234): 305~7.

8. Nudo RJ, Milliken GW, Jenkins WM, Merzenich MM. "Use-dependent alterations of movement representations in primary motor cortex of adult squirrel monkeys". J Neurosci. 1996 Jan 15; 16(2): 785~807.

9. Nudo RJ, Wise BM, SiFuentes F, Milliken GW. "Neural substrates for the effects of rehabilitative training on motor recovery after ischemic infarct". Science. 1996 Jun 21;

272(5269): 1791~4.

10. Nudo RJ, Plautz EJ, Frost SB. "Role of adaptive plasticity in recovery of function after damage to motor cortex". Muscle Nerve. 2001 Aug; 24(8): 1000~19.

11. Eisner-Janowicz I, Barbay S, Hoover E, Stowe AM, Frost SB, Plautz EJ, Nudo RJ. "Early and late changes in the distal forelimb representation of the supplementary motor area after injury to frontal motor areas in the squirrel monkey". J Neurophysiol. 2008 Sep; 100(3): 1498~512.

12. Nudo RJ. "Plasticity of cerebral motor functions: implications for repair and rehabilitation". In Selzer ME et al.(eds) *Textbook of neural repair and rehabilitation*. 2nd ed. Cambridge University Press, 2014, pp.99~113.

13. 건측상지제한치료법 또는 구속치료 등으로 번역된다.

14. Wolf SL, Winstein CJ, Miller JP, Taub E, Uswatte G, Morris D, Giuliani C, Light KE, Nichols-Larsen D; EXCITE Investigators. "Effect of constraint-induced movement therapy on upper extremity function 3 to 9 months after stroke: the EXCITE randomized clinical trial". JAMA. 2006 Nov 1; 296(17): 2095~104.

15. Schaechter JD, Kraft E, Hilliard TS, Dijkhuizen RM,

Benner T, Finklestein SP, Rosen BR, Cramer SC. "Motor recovery and cortical reorganization after constraint-induced movement therapy in stroke patients: a preliminary study". Neurorehabil Neural Repair. 2002 Dec; 16(4): 326~38.

16. Wittenberg GF1, Chen R, Ishii K, Bushara KO, Eckloff S, Croarkin E, Taub E, Gerber LH, Hallett M, Cohen LG. "Constraint-induced therapy in stroke: magnetic-stimulation motor maps and cerebral activation". Neurorehabil Neural Repair. 2003 Mar; 17(1): 48~57.

17. Park SW, Butler AJ, Cavalheiro V, Alberts JL, Wolf SL. "Changes in serial optical topography and TMS during task performance after constraint-induced movement therapy in stroke: a case study". Neurorehabil Neural Repair. 2004 Jun; 18(2): 95~105.

18. Ween JE. "Functional imaging of stroke recovery: an ecological review from a neural network perspective with an emphasis on motor systems". J Neuroimaging. 2008 Jul; 18(3): 227~36.

19. Werhahn KJ, Conforto AB, Kadom N, Hallett M, Cohen LG. "Contribution of the ipsilateral motor cortex

to recovery after chronic stroke". Ann Neurol. 2003 Oct;
54(4): 464~72.

20. Carmichael ST. "Cellular mechanisms of plasticity after
brain lesions". In Selzer ME et al.(eds) *Textbook of neural
repair and rehabilitation*. 2nd ed. Cambridge University
Press, 2014, pp.196~210.

3장 | 소통과 연합

1. Martin JH, Carpenter MB. "Descending motor pathways
and the lower motor neuron". In Gonzalez EG et al.(eds)
*Downey & Darling's Physiological Basis of Rehabilitation
Medicine*. 3rd ed. Butterworth-Heinemann, 2001.
pp.1~16.

2. Lundy-Ekman L. *Neuroscience: Fundamentals for
Rehabilitation*. 2nd ed. Saunders, 2002. pp.169~217.

3. Krebs DE, Shen SY, Cote LJ, Carpenter MB. "Cerebellum
and basal ganglia". In Gonzalez EG et al.(eds) *Downey &
Darling's Physiological Basis of Rehabilitation Medicine*.
3rd ed. Butterworth-Heinemann, 2001. pp.29~56.

4. Umphred DA, Appley MB. "Limbic system: influence over motor control and learning". In Umphred DA.(ed) *Neurological Rehabilitation*. 2nd ed. Mosby, 1990. pp.53~77.

5. Newton RA. "Motor control". In Umphred DA.(ed) *Neurological Rehabilitation*. 2nd ed. Mosby, 1990. pp.43~52.

6. Kottke FJ. "The neurophysiology of motor function". In *Krusen's Handbook of Physical Medicine and Rehabilitation*. 4th ed. pp.234~269.

7. Harris FA. "Facilitation techniques and technological adjuncts in therapeutic exercise". In Basmajian JV (ed.), *Therapeutic Exercise*. 4th ed. pp.110~178.

8. 신약성경(개역개정) 고린도전서 12장 27절. "너희는 그리스도의 몸이요 지체의 각 부분이라"

4장 | 학습에 의한 변화

1. 《새로운 과학과 문명의 전환》(F 카프라 지음, 이성범, 구윤서 역, 범양사, 1985), p.119.

2. 앞의 책, pp.59~64.

3. 앞의 책, pp.250~289.

4. Shumway-Cook A, Woollacott MH. *Motor control*. Lippincott Williams & Wilkins, 2017. pp.3~43.

5. 박시운, 최유남, 위향미, 장순자, 김한일, 김영호. 전동식, "보행훈련 시스템을 이용한 뇌졸중 환자의 보행훈련", 대한재활의학회지 2004 Apr; 028(02): 182-183.

6.. Park SW, Butler AJ, Cavalheiro V, Alberts JL, Wolf SL. "Changes in serial optical topography and TMS during task performance after constraint-induced movement therapy in stroke: a case study". Neurorehabil Neural Repair. 2004 Jun; 18(2): 95~105.

7. Shumway-Cook A, Woollacott MH. Motor control. Lippincott Williams & Wilkins, 2017. pp.80~105.

5장 | 견제와 균형

1. Kim YH, You SH, Ko MH, Park JW, Lee KH, Jang SH, et al. "Repetitive transcranial magnetic stimulation-induced corticomotor excitability and associated motor

skill acquisition in chronic stroke". Stroke 2006; 37: 1471~1476.

2. Lim JY, Kang EK, Paik NJ. "Repetitive transcranial magnetic stimulation to hemispatial neglect in patients after stroke: an open-label pilot study". J Rehabil Med 2010;42:447~452.

3. Raffin E, Hummel FC. "Restoring Motor Functions After Stroke: Multiple Approaches and Opportunities". Neuroscientist. 2018 Aug; 24(4): 400~416.

4. Humphries JB, Mattos DJS, Rutlin J, Daniel AGS, Rybczynski K, Notestine T, Shimony JS, Burton H, Carter A, Leuthardt EC. (2022) Motor Network Reorganization Induced in Chronic Stroke Patients with the Use of a Contralesionally-Controlled Brain Computer Interface, Brain-Computer Interfaces, 9:3, 179~192, DOI: 10. 1080/2326263X.2022.2057757

5. Sze FK, Wong E, Yi X, Woo J. "Does acupuncture have additional value to standard poststroke motor rehabilitation?" Stroke. 2002 Jan; 33(1): 186~94.

6. 구약성경(현대인의 성경) 예레미야 31장 33절. "그러나 그 후에 내가 이스라엘 백성과 맺을 새로운 계약은 이렇다.:

내가 나의 법을 그들 속에 새기고 그들의 마음에 기록할
것이다. 그리고 나는 그들의 하나님이 되고 그들은 내 백
성이 될 것이다."

7. 신약성경(개역개정) 빌립보서 2장 2~3절. "마음을 같이하
여 같은 사랑을 가지고 뜻을 합하며 한마음을 품어 아무
일에든지 다툼이나 허영으로 하지 말고 오직 겸손한 마음
으로 각각 자기보다 남을 낫게 여기고."

6장 | 상상은 현실이 된다

1. Schwartz JM, Begley S. *The mind and the brain*.
   HarperCollins, 2002. pp.21~53.

2. "그 무엇보다도 너는 네 마음을 지켜라. 그 마음이 바로
   생명의 근원이기 때문이다"(구약성경 잠언 4장 23절, 새번역).

3. Astin JA, Shapiro SL, Eisenberg DM, Forys KL. "Mind-body
   medicine: state of the science, implications for practice". J
   Am Board Fam Pract. 2003 Mar-Apr; 16(2): 131~47.

4. Dossett ML, Fricchione GL, Benson H. "A New Era for
   Mind-Body Medicine". N Engl J Med. 2020 Apr 9;
   382(15): 1390~1391.

5. Pieczynski J, Cosio D, Pierce W, Serpa JG. "Mind-Body Interventions for Rehabilitation Medicine: Promoting Wellness, Healing, and Coping with Adversity". Phys Med Rehabil Clin N Am. 2020 Nov; 31(4): 563~575.

6. Schwartz JM, Begley S. *The mind and the brain*. HarperCollins, 2002. pp.290~322.

7. Silbersweig DA, Stern E. "Towards a functional neuroanatomy of conscious perception and its modulation by volition: implications of human auditory neuroimaging studies". Philos Trans R Soc Lond B Biol Sci. 1998 Nov 29; 353(1377): 1883~8.

8. Schwartz JM, Begley S. *The mind and the brain*. HarperCollins, 2002. pp.323~361.

9. Rizzolatti G, Fogassi L, Gallese V. "Neurophysiological mechanisms underlying the understanding and imitation of action". Nat Rev Neurosci. 2001 Sep; 2(9): 661~70.

10. Georgopoulos AP, Lurito JT, Petrides M, Schwartz AB, Massey JT. "Mental rotation of the neuronal population vector. Science". 1989; 243(4888): 234~236.

11. Kosslyn SM, DiGirolamo GJ, Thompson WL, Alpert NM. "Mental rotation of objects versus hands: neural

mechanisms revealed by positron emission tomography".
Psychophysiology. 1998;35(2):151~161.

12. Kosslyn SM, Ganis G, Thompson WL. "Neural founda-
tions of imagery". Nat Rev Neurosci. 2001;2(9):635~642.

13. Boecker H, Ceballos-Baumann AO, Bartenstein P, et al. "A
H(2)(15)O positron emission tomography study on mental
imagery of movement sequences-the effect of modulating
sequence length and direction". Neuroimage. 2002; 17(2):
999~1009.

14. Stephan KM, Fink GR, Passingham RE, et al. "Functional
anatomy of the mental representation of upper extremity
movements in healthy subjects". J Neurophysiol. 1995;
73(1): 373~386.

15. Gerardin E, Sirigu A, Lehericy S, et al. "Partially over-
lapping neural networks for real and imagined hand
movements". Cereb Cortex. 2000; 10(11): 1093~1104.

16. Fadiga L, Buccino G, Craighero L, Fogassi L, Gallese
V, Pavesi G. "Corticospinal excitability is specifically
modulated by motor imagery: a magnetic stimulation
study". Neuropsychologia. 1999; 37(2): 147~158.

17. Fadiga L, Fogassi L, Pavesi G, Rizzolatti G. "Motor

facilitation during action observation: a magnetic stimulation study". J Neurophysiol. 1995 Jun; 73(6): 2608~11.

18. Stevens JA, Stoykov ME. "Using motor imagery in the rehabilitation of hemiparesis". Arch Phys Med Rehabil. 2003 Jul; 84(7): 1090~2.

19. Butler AJ, Page SJ. "Mental practice with motor imagery: evidence for motor recovery and cortical reorganization after stroke". Arch Phys Med Rehabil 2006; 87: S2~S11.

20. Page SJ, Levine P, Khoury JC. "Modified constraint-induced therapy combined with mental practice: thinking through better motor outcomes". Stroke 2009; 40: 551~554.

21. Hong IK, Choi JB, Lee JH . "Cortical changes after mental imagery training combined with electromyography-triggered electrical stimulation in patients with chronic stroke". Stroke 2012; 43: 2506~2509.

22. Ang K, Chua K, Phua K, Wang C, Chin Z, Kuah C, et al. "A randomized controlled trial of EEG-based motor imagery brain-computer interface robotic rehabilitation for stroke". Clin EEG Neurosci 2015; 46: 310~320.

23. Prasad G, Herman P, Coyle D, Mcdonough S, Crosbie J. "Applying a braincomputer interface to support motor imagery practice in people with stroke for upper limb recovery: a feasibility study". J Neuroeng Rehabil 2010; 7: 60.

24. Mihara M, Hattori N, Hatakenaka M, Yagura H, Kawano T, Hino T, et al. "Near-infrared spectroscopy-mediated neurofeedback enhances efficacy of motor imagery-based training in poststroke victims: a pilot study". Stroke 2013; 44: 1091~1098.

25. Park SW, Kim JH, Yang YJ. "Mental practice for upper limb rehabilitation after stroke: a systematic review and meta-analysis". Int J Rehabil Res. 2018 Sep; 41(3): 197~203.

26. 〈스타워즈〉 오리지널 시리즈가 국내에 처음 개봉되었을 때 '포스(Force)'는 '기(氣)'로 번역되었으나, 20년 후 프리퀄 시리즈가 새로 개봉될 때는 영문 그대로 '포스'라고 번역되었다.

1. Uvanas-Moberg K, Arn I, Magnusson D. "The psychobiology of emotion: the role of the oxytocinergic system". Int J Behav Med. 2005; 12(2): 59~65.

2. Bartels A, Zeki S. "The neural basis of romantic love". Neuroreport. 2000 Nov 27; 11(17): 3829~34.

3. Aron A, Fisher H, Mashek DJ, Strong G, Li H, Brown LL. "Reward, motivation, and emotion systems associated with early-stage intense romantic love". J Neurophysiol. 2005 Jul; 94(1): 327~37.

4. Kim W, Kim S, Jeong J, Lee KU, Ahn KJ, Chung YA, Hong KY, Chae JH. "Temporal changes in functional magnetic resonance imaging activation of heterosexual couples for visual stimuli of loved partners". Psychiatry Investig. 2009 Mar; 6(1): 19~25.

5. Zeki S. "The neurobiology of love". FEBS Lett. 2007 Jun 12; 581(14): 2575~9.

6. Acevedo BP, Aron A, Fisher HE, Brown LL. "Neural correlates of long-term intense romantic love". Soc Cogn Affect Neurosci. 2012 Feb; 7(2): 145~59.

7. Acevedo BP, Aron A, Fisher HE, Brown LL. "Neural correlates of marital satisfaction and well-being: Reward, empathy, and affect. Clinical Neuropsychiatry 2012 9(1), 20~31.

8. Fisher HE, Brown LL, Aron A, Strong G, Mashek D. Reward, addiction, and emotion regulation systems associated with rejection in love". J Neurophysiol. 2010 Jul; 104(1): 51~60.

9. Georgiadis JR, Reinders AA, Van der Graaf FH, Paans AM, Kortekaas R. "Brain activation during human male ejaculation revisited". Neuroreport. 2007 Apr 16; 18(6): 553~7.

10. Georgiadis JR, Kortekaas R, Kuipers R, Nieuwenburg A, Pruim J, Reinders AA, Holstege G. "Regional cerebral blood flow changes associated with clitorally induced orgasm in healthy women". Eur J Neurosci. 2006 Dec; 24(11): 3305~16.

11. Georgiadis JR, Reinders AA, Paans AM, Renken R, Kortekaas R. "Men versus women on sexual brain function: prominent differences during tactile genital stimulation, but not during orgasm". Hum Brain Mapp. 2009 Oct;

30(10): 3089~101.

12. Karama S, Lecours AR, Leroux JM, Bourgouin P, Beaudoin G, Joubert S, Beauregard M. "Areas of brain activation in males and females during viewing of erotic film excerpts". Hum Brain Mapp. 2002 May; 16(1): 1~13.

13. Hamann S, Herman RA, Nolan CL, Wallen K. "Men and women differ in amygdala response to visual sexual stimuli". Nat Neurosci. 2004 Apr; 7(4): 411~6.

14. Poeppl TB, Langguth B, Laird AR, Eickhoff SB. "The functional neuroanatomy of male psychosexual and physiosexual arousal: a quantitative meta-analysis". Hum Brain Mapp. 2014 Apr; 35(4): 1404~21.

15. Savic I, Berglund H, Lindstrom P. "Brain response to putative pheromones in homosexual men". Proc Natl Acad Sci U S A. 2005 May 17; 102(20): 7356~61.

16. Berglund H, Lindstrom P, Savic I. "Brain response to putative pheromones in lesbian women". Proc Natl Acad Sci U S A. 2006 May 23; 103(21): 8269~74.

17. Berglund H, Lindstrom P, Dhejne-Helmy C, Savic I. "Male-to-female transsexuals show sex-atypical hypothalamus activation when smelling odorous steroids".

Cereb Cortex. 2008 Aug; 18(8): 1900~8.

18. Zeki S, Romaya JP. "The brain reaction to viewing faces of opposite- and same-sex romantic partners". PLoS One. 2010 Dec 31; 5(12): e15802.

19. Zhou JN, Hofman MA, Gooren LJ, Swaab DF. "A sex difference in the human brain and its relation to transsexuality". Nature. 1995 Nov 2; 378(6552): 68~70.

20. Walum H, Westberg L, Henningsson S, Neiderhiser JM, Reiss D, Igl W, Ganiban JM, Spotts EL, Pedersen NL, Eriksson E, Lichtenstein P. "Genetic variation in the vasopressin receptor 1a gene (AVPR1A) associates with pair-bonding behavior in humans". Proc Natl Acad Sci U S A. 2008 Sep 16; 105(37): 14153~6.

21. Garcia JR, MacKillop J, Aller EL, Merriwether AM, Wilson DS, Lum JK. "Associations between dopamine D4 receptor gene variation with both infidelity and sexual promiscuity". PLoS One. 2010 Nov 30; 5(11): e14162.

22. Beauregard M, Courtemanche J, Paquette V, St-Pierre EL. "The neural basis of unconditional love". Psychiatry Res. 2009 May 15; 172(2): 93~8.

1. Hulley SB, Cummings SR, Browner WS, Grady D, Hearst N, Newman TB. *Designing clinical research*. 2nd ed. Lippincott Williams & Wilkins, 2001. p.8.

2. 《과학 혁명의 구조》(토마스 쿤 지음, 김명자 역, 동아출판사, 1992).

3. Sheldrake R. "Setting science free from materialism". Explore(NY). 2013 Jul~Aug; 9(4): 211~8. 이 내용은 단행본으로도 출판되었다. 국내에도 《과학의 망상》(김영사)이란 제목으로 번역 출간되었다.

4. Beauregard M, Paquette V. "Neural correlates of a mystical experience in Carmelite nuns". Neurosci Lett. 2006 Sep 25; 405(3): 186~90.

5. Kapogiannis D, Barbey AK, Su M, Krueger F, Grafman J. "Neuroanatomical variability of religiosity". PLoS One. 2009 Sep 28; 4(9): e7180. doi: 10.1371/journal.pone. 0007180.

6. Schjødt U, Stødkilde-Jørgensen H, Geertz AW, Roepstorff A. "Rewarding prayers". Neurosci Lett. 2008 Oct 10; 443(3): 165~8.

7. Harris S, Kaplan JT, Curiel A, Bookheimer SY, Iacoboni M, Cohen MS. "The neural correlates of religious and nonreligious belief". PLoS One. 2009 Oct 1;4(10):e0007272. doi: 10.1371/journal.pone.0007272.

8. Menon V, Levitin DJ. "The rewards of music listening: response and physiological connectivity of the mesolimbic system". Neuroimage. 2005 Oct 15; 28(1): 175~84.

9. Noh et al. "Neural substrates associated with humor processing". Journal of Analytical Science and Technology 2014 5: 20.

10. Wang DJ, Rao H, Korczykowski M, Wintering N, Pluta J, Khalsa DS, Newberg AB. "Cerebral blood flow changes associated with different meditation practices and perceived depth of meditation". Psychiatry Res. 2011 Jan 30; 191(1): 60~7.

11. Creswell JD, Way BM, Eisenberger NI, Lieberman MD. "Neural correlates of dispositional mindfulness during affect labeling". Psychosom Med. 2007 Jul-Aug; 69(6): 560~5.

12. Ray RD, Ochsner KN, Cooper JC, Robertson ER, Gabrieli JD, Gross JJ. "Individual differences in trait rumination

and the neural systems supporting cognitive reappraisal". Cogn Affect Behav Neurosci. 2005 Jun; 5(2): 156~68.

13. Holzel BK, Ott U, Hempel H, Hackl A, Wolf K, Stark R, Vaitl D. "Differential engagement of anterior cingulate and adjacent medial frontal cortex in adept meditators and non-meditators". Neurosci Lett. 2007 Jun 21; 421(1): 16~21.

14. Lazar SW, Kerr CE, Wasserman RH, Gray JR, Greve DN, Treadway MT, McGarvey M, Quinn BT, Dusek JA, Benson H, Rauch SL, Moore CI, Fischl B. "Meditation experience is associated with increased cortical thickness". Neuroreport. 2005 Nov 28; 16(17): 1893~7.

15. Pagnoni G, Cekic M. "Age effects on gray matter volume and attentional performance in Zen meditation". Neurobiol Aging. 2007 Oct; 28(10): 1623~7.

16. Paus T. "Primate anterior cingulate cortex: where motor control, drive and cognition interface". Nat Rev Neurosci. 2001 Jun; 2(6): 417~24.

17. Newberg A and Waldman MR. *How god changes your brain*. Ballantine books, 2010. pp.106~130.

18. Newberg A. "How god changes your brain: An introduction to Jewish neurotheology". CCAR Journal: The Reform

Jewish Quarterly. Winter 2016: 18~25.

19. Newberg A and Waldman MR. *How god changes your brain*. Ballantine books, 2010. pp.149~169.

에필로그 | 뇌와 인간

1.《우리는 우리 뇌다》(열린책들),《운명의 과학》(브론스테인) 등.

2.《나는 뇌가 아니다》(열린책들),《뇌로부터의 자유》(추수밭) 등.

3.《우리는 우리 뇌다》(디크 스왑 지음, 신순림 옮김, 열린책들, 2015).

4.《나는 뇌가 아니다》(마르쿠스 가브리엘 지음, 전대호 옮김, 열린책들, 2018).

5. 앞의 책, p.18.

6. 앞의 책, pp.46~47.

7. 앞의 책, p.200.

8.《신경과학의 철학》(멕스웰 베넷, 피터 마이클 스티븐 해커 지음, 이을상 외 5인 옮김, 사이언스북스, 2013). pp.147~225.

9.《나는 내가 죽었다고 생각했습니다》(질 볼트 테일러 지음, 장호연 옮김, 월북, 2010). p.120.

10. 신약성경(새번역) 갈라디아서 5장 17절, "육체의 욕망은

성령을 거스르고, 성령이 바라시는 것은 육체를 거스릅니다. 이 둘이 서로 적대관계에 있으므로, 여러분은 자기가 원하는 일을 할 수 없게 됩니다."

11. 신약성경(공동번역) 로마인들에게 보낸 편지 7장 18~19절. "마음으로는 선을 행하려고 하면서도 나에게는 그것을 실천할 힘이 없습니다. 나는 내가 해야 하겠다고 생각하는 선은 행하지 않고 해서는 안 되겠다고 생각하는 악을 행하고 있습니다."

12. Heilman KM, Donda RS. *The believer's brain*. Psychology Press, 2014. pp.117~118.

13. 신약성경(새번역) 고린도후서 5장 17절. "옛 것은 지나갔습니다. 보십시오, 새 것이 되었습니다."

14. 여러 가지 버전이 있지만, 이 책에서는 https://m.blog.naver.com/jmkim1311/221374066636 에서 인용했다.